獻給我堅強、美麗、有毅力的女兒艾塔。
妳就是我的動力,我愛妳。

——莎拉‧克麗基

獻給克萊兒。整個青少年歲月裡,
妳就已經知道不再選購,
而是用最有效的方式向我借衣服。
妳是個領先行動的姊妹。愛妳。

——金‧漢金森

永續時尚，穿出你的風格與價值！
圖解 68 則關鍵知識和實用技巧，讓你的衣服穿得更巧、買得更少
The Fashion Conscious

作　者	莎拉·克麗基 (Sarah Klymkiw)
插　畫	金·漢金森 (Kim Hankinson)
譯　者	劉佳澐
美術設計	敘事
版面構成	高巧怡
行銷企劃	劉育秀、林瑀
行銷統籌	駱漢琦
業務發行	邱紹溢
責任編輯	張貝雯
總編輯	李亞南
出　版	漫遊者文化事業股份有限公司
地　址	台北市松山區復興北路331號4樓
電　話	(02) 2715-2022
傳　真	(02) 2715-2021
服務信箱	service@azothbooks.com
網路書店	www.azothbooks.com
臉　書	www.facebook.com/azothbooks.read
營運統籌	大雁文化事業股份有限公司
地　址	台北市松山區復興北路333號11樓之4
劃撥帳號	50022001
戶　名	漫遊者文化事業股份有限公司
初版一刷	2021年3月
定　價	台幣370元
ISBN	978-986-489-426-0

版權所有·翻印必究（Printed in Taiwan）
本書如有缺頁、破損、裝訂錯誤，請寄回本公司更換。

First published in 2020 in the English language by Egmont Books
UK and imprint of HarperCollinsPublishers Ltd. under the title:
FASHION CONSCIOUS
Copyright © Sarah Klymkiw 2020
Translation © Azoth Books, 2021, translated under licence from
HarperCollinsPublishers Ltd.
This edition arranged with Egmont Books UK through Big Apple
Agency, Inc., Labuan, Malaysia.
Sarah Klymkiw asserts the moral right to be identified as the
author of this work.

國家圖書館出版品預行編目 (CIP) 資料

永續時尚, 穿出你的風格與價值! : 圖解68 則關鍵知
識和實用技巧, 讓你的衣服穿得更巧、買得更少/ 莎
拉. 克麗基(Sarah Klymkiw) 著; 金. 漢金森(Kim
Hankinson) 繪; 劉佳澐譯. -- 初版. -- 臺北市 : 漫遊者
文化事業股份有限公司出版, 2021.03
　面；　公分
譯自：FASHION CONSCIOUS
ISBN 978-986-489-426-0(平裝)

1. 環境保護 2. 時尚
445.99　　　　　　　　　　　　110001740

漫遊，一種新的路上觀察學
www.azothbooks.com
漫遊者文化

大人的素養課，通往自由學習之路
www.ontheroad.today
遍路文化·線上課程

永續時尚
穿出你的風格與價值！

FASHION CONSCIOUS

SARAH KLYMKIW AND KIM HANKINSON

圖解**68**則關鍵知識和實用技巧，
讓你的衣服穿得更巧、買得更少。

莎拉・克麗基——著

金・漢金森——插圖

劉佳澐——譯

作者序

　　在看似光鮮亮麗的時尚界背後，一整套生產線正高效地運轉著，不分晝夜、無時無刻都在製造新衣服。它橫跨世界各地，取用植物、水、油和動物等珍貴的自然資源做成服裝，而我們只穿了一兩次，就會收進衣櫥最深處、捐給慈善機構，或扔進垃圾桶裡。

　　這正是因為，時尚產業總是不斷鼓勵消費，於是我們也不斷購買。透過消費行為，我們讓這個生產線機器的齒輪持續運轉。這世界其實早已不需要這麼多衣服，時尚生產線的機器卻製造得越來越多。

　　這台機器需要我們一直買下去，才能繼續運作，但這並非永續之道。如果我們真的要減少碳排放、停止消耗寶貴的環境資源、解決污染和浪費問題，並改善製衣作業員的生活，就不該如此。

　　希望你們讀完這本書之後，依然像我一樣熱愛服裝。但請一定要睜大眼睛，看看我們所選擇的這些衣服，會對人類和地球造成什麼樣的影響。我希望你們有信心去尋求答案，並採取行動。我們擁有力量，可以一起改變服裝的選擇，進而共同改變這個世界。

莎拉・克麗基

CONTENTS

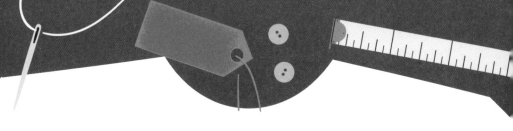

FOLLOWER OF FASHION?

跟風或時尚？

衣服是一種基本必需品，讓我們免於風吹日曬，同時，還能幫助我們融入周遭世界。有了衣服，我們不必使用過多言語也能表達自我，並且與他人互動。穿搭大多呈現的是個人選擇，也是塑造形象的關鍵元素之一。當我們認識新朋友時，衣服往往是我們第一眼看到的東西，影響了我們對他人的第一印象。

自古以來，人們就會為了儀式感或顯示社會地位，而著手裝飾自己的身體。我們以衣物來裝扮自身的方式也不斷改變，而這種變化趨勢就被統稱為時尚。

> **有些人主張，時尚滿足了人類與生俱來改變的欲望。**

在現代世界，時尚自成一套系統，樹立了各種潮流，並帶來品味的改變。這是一種日新月異的循環，有時甚至會讓人覺得很難完全跟上趨勢。話雖如此，你一樣可以熱愛服裝，並發展出自己的時尚感，而不只是盲目跟風。所謂的風格，就是你如何因應服裝與潮流變化，來表達出你的個人觀點。風格是永恆的，不會過時。你可以試試水溫，探索時下熱門搭配，或是其他冷門風格，就算不買太多衣服，也一樣能享受時尚。畢竟，誰會希望自己看起來和別人一模一樣呢？

每件衣服都有自己的故事……

　　衣服是種說故事的形式，它們本身就具備了自己的故事，而當我們穿上它們之後，又會再產生新的故事。人們正是整個故事的一部份，因為時尚就是由人們為他人所創造的，由世界各地的陌生人，以雙手精心製作出打動人心的織品。

　　這本書將完整揭開時尚背後的故事，從布料的製成，到衣櫃裡的成衣，以及當我們想丟棄這些衣服時，又會發生什麼事。理解這個故事之後，便能在新衣服和原本就擁有的衣服之間，做出更加明智的選擇。就讓我們從簡單的白色T恤開始，看看衣服的一生吧。

LIFE CYCLE OF A T-SHIRT

T恤的一生

　　每個人的衣櫃裡都至少會有一件T恤，但它的一生，並不是從我們穿上它的那一刻才展開。事實上，在我們根本還沒有試穿之前，它早已周遊世界各地，並在一百雙手之間傳遞。我們又有多常會想起這些衣服來自何處，是由什麼製成的呢？我們對於衣服的選擇，又會對我們周遭的世界帶來什麼樣的影響？

　　我們可以從衣服的洗燙標籤上，找到一些關於這件T恤的資訊，但這些資料也很有限。例如，標籤上所寫的產地國家，其實只是剪裁、縫製和加工的工廠所在地而已，而紡織、染色，甚至是種植棉花的地方，很有可能又是不同的國家。現在，讓我們跟隨標準T恤的生命週期，開始認識它對世界的影響。

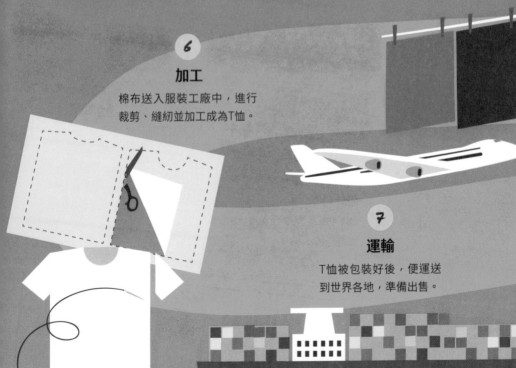

6

加工

棉布送入服裝工廠中，進行裁剪、縫紉並加工成為T恤。

7

運輸

T恤被包裝好後，便運送到世界各地，準備出售。

1 種植

將棉花栽種於農場中，並採收它們的果實，又稱為「棉鈴」（boll）。

2 軋棉

運用軋棉機去除堅硬的木莖和鈴殼，留下柔軟的棉鈴。

3 棉紡

在棉紡廠中，棉鈴會被清洗、拉開，並紡成線。

4 紡織

棉線被送入紡織廠中，在織布機上進行編織。

5 染色

棉布繼續在紡織廠中進行染色或印製花色。

9 穿著

你購買了這件T恤，穿在身上，並加以清洗。

8 銷售

T恤被分配到各家商店。

這本書將幫助你決定如何處理那些已經購買，或者是打算購買的衣服。用心的選擇，將會帶來不同的結果。

BUILT TO WASTE

浪費的宿命

有天你買了些新衣服，穿穿洗洗幾次之後，衣服開始褪色、脫線了，布料變得不太平整，還破了幾個洞，甚至縮水或變形了。你本來都很小心的，現在它卻已經無法復原，也無法再穿了。究竟是哪裡出了問題？

這就是所謂的「計畫性淘汰」（planned obsolescence）！也就是說，業者將產品的使用壽命設計得很短，週期結束後就不能再使用，好讓人們持續不斷消費，並更加快速地汰換產品。

> " 這種手法促成了無止境的消費需求，推動惡性循環，
> 不斷從地球上搾取更珍貴的原料。 "

快時尚正是罪魁禍首之一，許多品牌會選擇在製程中貪小便宜，採用劣質的布料、便宜的扣合件和加工方式，好維持低廉的成本。這是常見的量產方式，生產數量重於品質。業者可能會為此辯駁，認為衣服本就可以像塑膠袋、咖啡杯或吸管一樣用過即丟，消費者根本不需要長期保留這些衣服。但是我們心知肚明這對地球會造成什麼影響。環保人士疾呼，計畫性淘汰的手法必須停止。

萬物皆可拋？

環顧四周，你會發現自己身邊盡是計畫性淘汰商品，尤其是電器和電子產品，它們早已被證實以此策略運作。燈泡就是最簡單的知名案例，雖然業者不可能製造出永不熄滅的燈泡，但他們確實使用了更便宜的材料，使得燈泡只能使用大約一千五百小時左右。我們更換燈泡時多半不假思索，因為這個東西相對便宜，但還有許多其他昂貴的物品也是如此。

運動鞋
560公里

燈泡
1,500小時

鍍金耳環
少於12個月

一條褲襪
有時只能穿一次

降速的手機

二〇一八年，蘋果公司（Apple）遭到法國檢方提告，原因是，據稱蘋果以軟體更新來使舊款手機降速，好讓消費者想要購買新手機。後來蘋果敗訴，並為他們的作法道歉。另外也有人指出，某個印表機廠牌會在他們的產品中安裝晶片，在列印至一定的頁數之後，機器就無法再使用墨水。

FAST FASHION

快時尚

　　據統計，目前全球每年生產一千億件衣服。有些時尚品牌甚至可以在短短三十六小時內，就完成一款服飾的所有生產與出貨流程，包含向工廠下單，再到上架銷售。快時尚是時尚產業的其中一種商業模式，專攻廉價、穿過即丟的服裝，這些衣服的生產和消費速度都快得驚人。消費者購買之後，也往往穿個一兩次就扔垃圾桶裡。

　　雖然原物料價格上漲，但西方社會快時尚興起，服裝價格隨之持續下降。現在，我們能用低於一杯咖啡的價格買到一件衣服，然而，這種成本低廉的高速周轉模式，也為供應鏈中的製衣工廠作業員帶來了巨大的經濟壓力，更不用說環境了。

當衣服大量生產時，由於規模增加使得成本降低，這就叫做規模經濟（ economy of scale ）。

只要五鎊！

快時尚服飾採流水線作業，每位工人都只負責T恤的其中一個製作步驟。他們可能一整天都在車縫脇邊，或專注鑲上袖子，卻永遠不知道如何從頭到尾做一整件T恤，他們做的只是低技術與低收入的工作。

時尚的循環早已不再侷限於春夏與秋冬兩個季度，而是根據流行與否來分界。現在，商店裡每周都有新的服裝款式，而這種推陳出新的潮流，也促使我們更加快速地挑選、穿著與使用我們的衣服，進而助長了過度消費。

當我們不再喜愛自己擁有的物品，並加以丟棄，這是「認知性淘汰」（perceived　obsolescence）。我們可能會有形象壓力，不想被別人看到同一件衣服穿太多次，幸好，現在隨時隨地只要按幾個鍵就能買到新衣服。但這也意味著，消費者的購物需求是永無止境的。

新款！

特價

想想看運動鞋，品牌業者知道人們一定會想要購買新品，因此不斷推出各式各樣全新的顏色或款式。

ARE YOU A CONSCIOUS CONSUMER?

- - - - -

你是良知消費者嗎？

　　有人喜歡購物，有人不喜歡，但我們一輩子裡總還是會採買或消費一些東西。良知消費者會去思考自己所花的錢，對人類和地球會帶來什麼樣正面或負面影響。我們可以向本地的獨立設計師購買作品，或是以消費來支持回收材料製成的商品，這就是我們身為消費者的權力，而我們應該更有智慧去作出選擇。

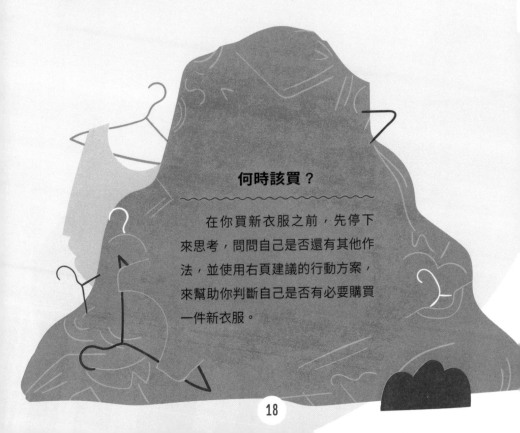

何時該買？

　　在你買新衣服之前，先停下來思考，問問自己是否還有其他作法，並使用右頁建議的行動方案，來幫助你判斷自己是否有必要購買一件新衣服。

良知消費者的行動方案

1

穿現有衣物

重新看看你的衣櫃，從你現有的衣物中，再次挖掘出隱藏版好物。→ p22

2

創意改造與修補

和你的朋友、家人，甚至你的鄰居，一起交換衣服，看看他們可能有哪些意外驚喜。 → p40

3

穿別人的衣服

到義賣商店、露天二手市集、跳蚤市場、拍賣網站或古著精品商店採買。 → p58

4

對你來說是新的

自製、客製化、裁切、縫製、繡上圖案、再利用、重新設計、修補、變化和改造，要有創意！→ p70

5

全新的衣服

無法從以上建議中找到答案？那就買吧，但要明智地選擇。 → p86

19

MINDFUL SHOPPING

用心購物

以下的測驗設計，是為了要幫助你用心購物，這種購物方式比較慢，也更加深思熟慮，將幫助你作出更有道德的選擇。

展開你的購物旅程

你真的喜歡嗎？

是你需要的嗎？

不要買！ 這還要問嗎？

適合你嗎？

有時我們不得不購買一些需用的每日必需品，比如襪子。務必在你的能力範圍，買到品質最好的產品，這樣才能使用很長一段時間。

不要買！ 除非有時間，也知道如何進行修改，否則就放下它吧，一定還會有其他你同樣也很喜歡的東西。

是否已經有類似的衣服？

不要買！ 除非類似物品已經損壞且無法修復，否則就放下它吧。

是否負擔得起？

是否會穿超過三十次？

是否可能只穿一次？

品質是否優良？

物質世界請參考第104頁

是

否

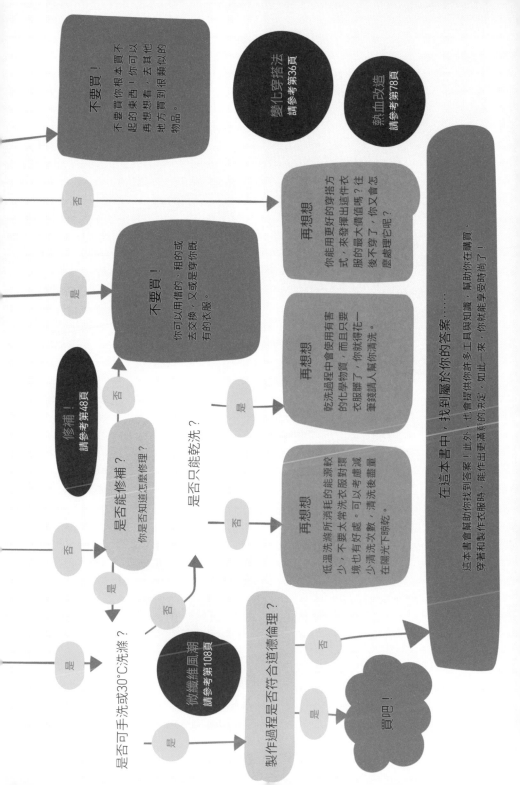

不要買！

不要買你根本買不起的東西！你可以再想想看，去其他地方買到很類似的物品。

變化穿搭法
請參考第36頁

熱血改造
請參考第78頁

再想想
你能用更好的穿搭方式，來發揮出這件衣服的最大價值嗎？往後不穿了，你又會怎麼處理它呢？

不要買！
你可以用借的、租的或去交換，又或是穿你既有的衣服。

再想想
乾洗過程中會使用有害的化學物質，而且只要衣服髒了，你就得付一筆錢請人幫你清洗。

再想想
低溫洗滌所消耗的能源較少，不要太常洗衣服對環境也有好處。可以考慮減少清洗次數，清洗後盡量在陽光下晾乾。

修補！
請參考第48頁

是否能修補？
你是否知道怎麼修理？

是否只能乾洗？

微纖維風潮
請參考第108頁

是否可手洗或30°C洗滌？

製作過程是否符合道德倫理？

買吧！

在這本書中，找到屬於你的答案......
這本書會幫助你找到答案！此外，也會提供你許多工具與知識，幫助你在購買、穿著和製作衣服時，能作出更滿意的決定。如此一來，你就能享受時尚了！

是　否

PART

1

**WEAR
WHAT YOU HAVE**

穿現有的衣服

你知道什麼樣的衣服最符合環境永續原則嗎？答案是，你現有的那些！什麼都不買對地球的現況與未來最好，對你的銀行存款餘額也有幫助。

這些擺放於我們家中的衣服，早已使用了大量的能源、水、土地資源和化學物質來製造。「廢料回收行動計畫」（Waste and Recycling Action Plan, WRAP）指出，我們的衣物只要多穿九個月，就能減少20％～30％的碳、水和廢料足跡。正因如此，穿上我們既有的衣物，不要再購買新品，我們便能一起解決快時尚所帶來的問題。只要避免過度消耗地球上寶貴且有限的資源，就能減少不必要的浪費。

> **你知道一般人的衣櫃裡，**
> **平均掛著大約一百五十件衣服嗎？是否感到很驚訝呢？**

我們去年有三分之一的衣服沒拿出來穿，也有許多衣服買來從沒穿過，這又是怎麼回事？很多人會因為買了不是自己真正所需的衣物而內疚。有時候我們只是買了讓自己開心，有時是當作犒賞自己，也可能是看中拍賣網上的某樣商品，只因為太便宜了，就覺得非買不可。又或者是買了根本不適合的自己衣服，希望有一天還能穿得上它。這些衣服最後都被掛在衣櫃最裡面，還未剪標、從來沒有穿過，甚至不曾受到我們的喜愛，就這麼一直掛著，直到我們承認自己永遠不會穿，並將它們送給別人。

在本章節中，我們將深入探索你衣櫃深處最黑暗的地方，好讓你充分運用自己既有的衣物……

整理衣櫃

整理衣櫃是個很好的方法，讓你能慢慢找出符合環境永續的服裝搭配組合。你可以留下喜歡的衣服，並賦予你不喜歡的衣服新的生命。

整理衣服的最佳訣竅

- 給自己足夠的時間和空間！你需要先製造混亂，才能創造出條理。

- 邀一個朋友過來，聽聽旁觀者的意見。他們會幫助你捨棄糟糕的購物選擇，並敦促你好好面對某些衣服的去留。

- 整理大師近藤麻理惠（Marie Kondo）建議，可以先把所有的衣服都集中到同一個地方，包含原本藏在你床底下的衣服，或洗衣籃裡的任何東西，這樣你就可以清楚看到自己正在處理的是什麼。

- 當你把所有衣服都堆放在一起時，也可以看出你的購物模式。或許你根本沒發現自己有20條牛仔褲、10件條紋上衣，或者買了一堆藍色系的衣服。此外，你還能重新找到被遺忘的衣物！

- 試穿這整堆服裝！看看它們是否適合你。

- 把衣服分成「適合」和「不適合」兩堆。先將「適合」的那堆衣服——整齊地掛起或折好，然後用本書第26頁的「想清楚再丟」指南來處理「不適合」的那一堆。

搭配組合

整理衣櫃將幫助你找出新的穿搭組
合。試著依照衣物的顏色或類型來整
理,這樣便能輕鬆打造出新的搭配風
格。或者,你也可以將所有經典不敗
的組合,一套套整理出來,套上它們
就能直接出門。

整理重點

　　你的目標是要割捨那些一年多沒穿過的衣服,還有你不再喜愛
的服飾。要誠實面對每件衣服穿過的次數,因為我們往往會對衣服
產生依戀,這會讓我們難以放下它們。但態度要堅定!也要記得,
運動服或基本款等實用的衣服,可能不會讓你感受到同樣的喜愛,
但如果你還有在穿,就應該留下來。另外,特殊場合的服裝也值得
保留,這樣你就不用再買了。

THINK BEFORE YOU BIN

想清楚再丟

整理好衣服之後，衣櫃裡就只裝著那些你一定會穿的衣服了。剩下的該怎麼辦呢？應該捐贈、出售它們，還是送到當地的回收中心？接下來的建議，將幫助你做出決定。

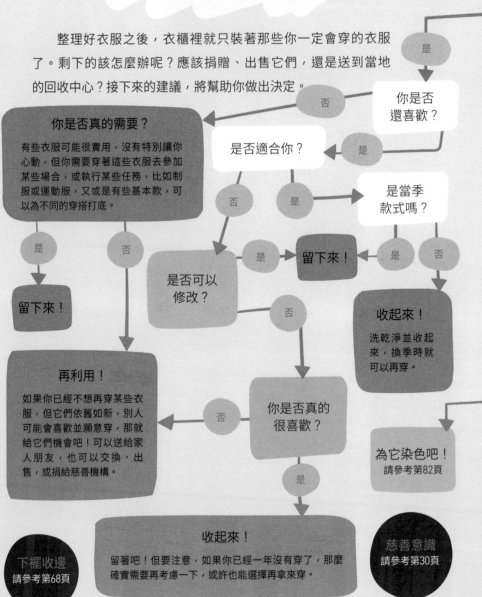

你是否真的需要？

有些衣服可能很實用，沒有特別讓你心動，但你需要穿著這些衣服去參加某些場合，或執行某些任務，比如制服或運動服，又或是有些基本款，可以為不同的穿搭打底。

是

否

留下來！

再利用！

如果你已經不想再穿某些衣服，但它們依舊如新，別人可能會喜歡並願意穿，那就給它們機會吧！可以送給家人朋友，也可以交換、出售，或捐給慈善機構。

否

是

你是否還喜歡？

否

是否適合你？

是

是當季款式嗎？

是

否

是

是

留下來！

是否可以修改？

否

收起來！

洗乾淨並收起來，換季時就可以再穿。

你是否真的很喜歡？

否

是

為它染色吧！

請參考第82頁

收起來！

留著吧！但要注意，如果你已經一年沒有穿了，那麼確實需要再考慮一下，或許也能選擇再拿來穿。

下襬收邊

請參考第68頁

慈善意識

請參考第30頁

26

衣服的狀態是否還良好？

所有紐扣和扣合件都正常嗎？衣服可能還會有破洞、污漬、裂縫、下襬脫落、布料破損、磨壞或起毛球（也就是布料表面出現了細小的顆粒）。這些衣服還可以穿嗎？

否 →

是否能修補？

評估一下破損有多嚴重，並積極修補。還能有什麼問題呢？

污漬

起毛球

穿鬆了

少了紐扣、扯壞了、拉鍊斷裂或破洞

你是否能運用創意來修飾並隱藏污漬？

否 **是**

處理污漬！
請參考第80頁

加以處理！

經過洗滌和磨損，布料表面就會起毛球。有些布料會比其他材質更容易起毛球。試著用電動除毛球機或膠帶來除去毛球。

你會縫紉嗎？

紐扣掉了、破洞或裂縫，都可以基本的縫紉技法來進行簡單的修補。

否

縫紐扣
請參考第66頁

是

它是否至少含有百分之50%的天然纖維？

是否可以給別人穿？

對你來說太鬆了，是否適合其他人呢？

加以修補！
請參考第48頁

加以修補！
請參考第48頁

是 **否**

否

是

回收再利用！

把它們帶到當地的衣物回收中心，或者上網找找離你最近的舊衣回收箱在哪裡。這些衣服可以用來填充汽車座椅、充當工程所需的布料，或做成絕緣材料。或者你也可以自行再利用，用這些布料做手工藝、當成填充物，甚至擺在家裡當抹布。

與人交換！
請參考第60頁

是否可以
請別人修補？

可以試著將衣服帶到公益維修咖啡館（repair café）。

是

否

SELL YOUR CLOTHES

- - - - -

出售你的衣服

如果你有不想要、不喜歡的，或沒穿過的衣服，給它們一個新機會吧，但也要賺錢！依照以下的簡單步驟，只要點幾下滑鼠，你也能進軍國際市場。

① 找出適合你的網站或應用程式

本書最末的列表，提供了許多可以販售二手衣的網站和APP（請參考第148頁）。有些特定的款式或品牌，在某幾個網站上賣得特別好，因此要多做點研究，看看哪個網站最適合讓你出售二手商品。也要記得確認手續費，每個網站啟用銷售功能時都會收取費用，平均手續費是售價的10％，也就是說，如果你以20英鎊（編按：1英鎊約折合台幣38元）的價格出售某樣東西，網站收取10％的費用後，你最後會拿到18英鎊。

② 出售前先洗熨衣物

盡可能讓你的衣服展現出最佳狀態，意思是，不能有污漬、皺褶，或是任何意外的瑕疵！只要出售人們願意花錢，也會想穿的衣服就好。

③ 拍攝好看的商品照

由於買家在下標之前沒辦法觸摸到布料或試穿，因此你必須附上吸睛的照片，好讓他們了解商品的外觀。你可以將衣服套在人形模特兒身上，這樣買家們就會知道穿起來的樣子。也可以將衣服攤平擺放，並由上往下拍照，在正確的位置打燈，便能消除畫面中的陰影。多拍幾張不同角度的照片，背景中不要有其他雜物。如果衣服上有任何瑕疵，那麼一定要拍幾張瑕疵處的特寫，以避免買家收到實物後失望，甚至引發爭議。

4 　細節務必清楚

資訊一定要寫清楚，也要誠實。商品標題和介紹中要寫上品牌、尺寸、顏色和狀態以利搜尋。身為賣家，一定要保持良好的商譽，買家對商品的任何提問都要誠實回應，例如這件衣服比一般尺寸小了一些，但也務必提到一些好的特徵。

5 　運費

雖然現在的物流都有貨到簽收及追蹤包裹的服務，但最好還是要附給買家出貨證明。另外，許多拍賣網站會要你單獨列出運費，但如果沒有這個選項，你可以將運費加至商品總價中。秤秤商品的重量，並計算出貨的費用。

6 　售價

做些研究，看看其他類似的商品都怎麼定價。價格不要定得太高或太低，但要觀察競品，思考怎麼樣的價格才是合理的。在某些拍賣網站上，你可以固定售價、發起競標，或邀請買家出價。如果商品賣不出去，你可以考慮降低價格，修改介紹，或重新拍些照片。

有些網站會募集二手商品，還會協助拍照及銷售，幫你省去許多麻煩，但記得確認他們的收費。

CHARITY CONSCIOUS

- - - - -

慈善意識

　　慈善商店重要的經營項目之一，就是讓那些還能使用的衣服和配件不被丟棄，而販售這些二手商品，還能為慈善工作籌措經費。這是完美的循環經濟範例，與其將衣服扔進回收桶，不如拿來再利用（請參考第114頁）。

　　慈善商店大多仰賴人們捐贈狀況良好的二手衣物，但近期，他們也越來越常收到服裝產業贈送的庫存。這些衣物可能是「滯銷品」，也就是前幾季賣不出去的款式，也可能是出了差錯的「瑕疵品」。有些知名時尚品牌會焚燒或剪碎這些衣服，因而上了新聞，如果將這些衣物捐給慈善機構，品牌的環保聲譽也會因此大大提昇。

　　這種行為雖看似慷慨，但近年來，慈善商店已經演變成了時裝垃圾場，無論是二手廉價快時尚服飾，或者全新的滯銷品，都沒有人願意

穿，並已經快將慈善商店淹沒了。而這也表示，慈善商店被迫要想辦法處理這些衣服。

慈善機構經常將賣不出去的庫存，再轉售給廢布批發或回收公司。他們運用這些庫存衣物的方式視產業而定，也可能會將它們送往海外，或回收製成其他東西。最好問問慈善機構你的二手衣會流向哪裡，畢竟供應鏈的尾端和起點一樣重要。

現在也有越來越多時尚品牌希望客人多加利用門市的「回收」計畫，將不需要的衣服捐贈出來。對他們而言，這是一種實現永續發展目標的簡單方法，更能吸引某些特定的消費者，他們多半希望自己喜歡的品牌能更加關注環境。品牌承諾他們會減少浪費，甚至表示會將捐贈的二手衣物用來製成新產品，這確實朝著正確方向邁出了積極的一步。然而，也有許多品牌會提供現金券作為回收獎勵，鼓勵消費者繼續購買新衣服，這麼做不但無法保護環境，也否定了衣服應該盡可能長期使用的正面意義。

WHAT A WASTE

- - - - -

太浪費了

光是在英國，每年就有超過一百萬噸的衣服被丟棄，其中，超過
30萬噸送進了掩埋場，這些衣服的總價值高達一億四千萬英鎊。至於美
國，每年有一千五百萬噸的衣物遭到丟棄，十分驚人，而其中只有15%
被回收再利用，其餘都以掩埋或焚燒處理……。

無論你住在哪裡，你扔進垃圾桶的任何衣服都可能會被送進掩埋
場，或在焚化爐中以極高的溫度燒毀。兩種處理方式對地球都很不利。
當衣服在掩埋場分解時，天然纖維製成的衣物會釋放出甲烷，這是一種
導致氣候變化的溫室氣體。如果採取焚燒處理，所有可再利用的材料也
會一併燒光。

將衣物捐給慈善機構固然是個好方法，但有些慈善機構已經堆滿
了品質不佳的二手衣，無法在他們的商店裡販售。他們只好一噸噸地轉
賣給舊衣回收廠或批發商，而這些業者再將衣服運往東歐和非洲部份
地區，並在二手市場上出售。難道我們只是將自己的浪費和過度消費問
題，全都丟給世界上的其他地方處理，好讓我們可以繼續購物嗎？如果
其他國家也不再允許這種情況發生，那麼這些浪費又會何去何從？

就算是破裂至無法修補的衣服，也不應該扔進垃圾桶。請找找你附
近是否有衣物回收桶，這些衣服可以被降級回收（downcycle），分割

成碎布或製成建築行業使用的絕緣材料，這
比焚燒或掩埋的方式好上太多了。其實這也
只是一種推遲衣物必將壽終正寢的方式，但在那
之前，這些利用方式至少再賦予了它們另一項使命。

穿30次吧

我們只有一個地球，而且資源有限。根據世界自然基金會
（World Wildlife Fund, WWF）的資料所示，目前，我們每年都消
耗1.7倍的地球資源，表示我們並沒有儲備未來的用量。大部份的
衣服穿不到10次就遭到丟棄，因此，一起來挑戰「30天單一項目」
吧。每件衣服至少穿30次，讓衣服能被充分利用，並減少它們對環
境造成的影響。

FOSSIL FASHION
時尚化石

看看你此刻身上衣服的標籤。這件衣服是什麼材質呢？棉、萊卡、嫘縈，還是羊毛？按下來，你可能會驚訝地得知，被丟棄並送進垃圾掩埋場之後，有些纖維和材質會比其他材料分解得更快。就讓我們繼續往下看。

時尚考古

看看右邊的時間表，了解一下你的衣服需要多久的時間才能分解。這些時間只是估計值，土壤的酸鹼度、溫度、濕度、含氧量和細菌量都會影響分解的速度。垃圾掩埋場通常缺乏讓材料得以完全分解的環境條件，我們製造的垃圾於是堆成一堆，並一直留存在地底，變成了有待代處理的問題，同時，危險的化學物質慢慢滲入土壤，並產生有害的氣體，融入大氣之中。

約數周
亞麻背心
絲質衣物

約六個月
棉質T恤

一至五年
羊毛襪、
竹纖維運動衫

二十五到四十五年
皮鞋

約三十到四十年
尼龍褲襪

兩百年*
萊卡短褲

兩百年以上
聚酯纖維洋裝

在英國，每年約35萬噸衣
服被丟棄，所有倫敦人擁有
的衣服相加，也正好是這個
重量。

長命百歲的衣物

拿出幾件你最喜歡的衣服當樣本，一一查看它們的標籤，再

參考右側的時間線，依照你認為它們分解的速度排列。這些衣服

需要這麼長時間才能生物降解（biodegrade），你是否感到很驚

訝？這會對地球造成什麼樣的影響呢？

還沒完！接下來，你還要仔細研究衣服上的任何扣合件、

標籤、縫線、印花和裝飾。你認為這些塑膠亮片、鈕扣或金屬拉

鍊，會加速還是減緩分解呢？你認為設計師們是否曾經

細想，他們的作品可能會比他們自己存在得更長

久？他們又是否想過，這些衣服最終只能被埋

在地底下的某處？

變化穿搭法

多功能的衣服會增加我們的穿著次數和延長保留時間。以下是永續時尚（sustainable fashion）設計師愛麗絲‧威爾畢（Alice Wilby）分享的十大造型密技，讓你衣櫃裡的所有東西都能物盡其用。

1 混搭休閒和正式服裝

夜晚的場合，可以穿件牛仔襯衫，搭配華麗的裙子或精緻的西裝褲。或者，穿上那件你只在婚禮場合穿過一次的衣服，底下搭雙運動鞋，穿出不同的感覺。

2 發揮創意

將一件寬鬆的襯衫當成裙子來穿。穿在下半身，解開襯衫上半部的紐扣，再將袖子像皮帶一樣繫在腰間。領口有拉鍊的套頭衫也可以這樣穿，去向老爸借一件吧！

3 褲子外面再搭件裙子

這種風格經常出現在高級的伸展台上，如果你自己發揮創意，看起來會更酷。若要脫穎而出，布料的整體形狀和搭配是關鍵。比如，A字裙和喇叭褲搭配起來就很好看。

4 將襯衫當成外套穿

厚重的法蘭絨或牛仔襯衫非常適合當成夏季的罩衫。如果是寬鬆的襯衫，將袖子捲起來也很好看。

5 多層次穿搭

將衣服層層堆疊，例如，在綁帶洋裝裡面加件T恤、長版襯衫底下搭件七分褲、將長風衣罩在最外頭，或者在襯衫裡面搭件高領上衣。在層次上多做些變化，可以提升你的穿搭，也能打造出多種風格。

6 混搭印花

忘記一次只能有一種花色的規則吧，平時你多半會以一件素色上衣或下著來搭配有花色的衣物，試著放手享受混搭衣櫃裡的所有東西。

7 嘗試各種色系和材質

就像多層次穿搭和混搭印花一樣，在你的衣櫃裡隨興搭配不同的色系和材質，也能讓你創造出前所未有的風格。

8 突襲朋友的衣櫃

許多品牌都走中性路線，有些甚至開始推出不分性別的服飾系列。但你不需要花錢購買，只要速速徵得朋友同意，打開他們的衣櫃，就能以沒有任何性別規則的風格裝扮自己。

9 配件能改變一切

試試將絲巾當作腰帶來使用，或在外套領口別上胸針和徽章，也可以將外套或洋裝的腰帶換成對比色系或材質。

10 拍照⋯⋯

為自己完美搭配的每套服裝拍照，打造個人的「穿搭圖庫」。當你趕時間或想不起衣櫃裡有哪些衣服時，圖庫就能派上用場。

LET YOUR CLOTHES LIVE

延續衣服的生命

　　越來越多的人開始挑戰一個月、甚至一年都不買新衣服。這項省錢挑戰還有另一個額外的好處，就是讓我們重新關注自己本來就有的衣服，並開始好好保養它們。如果我們真的希望能減少自己的消費與生態足跡（environmental footprint），那麼就必須學會如何正確保養現有的衣物。做這些事可能沒那麼有趣，但這種日常的保養小習慣，能讓我們珍貴的衣服能夠穿得更長久，並幫助我們物盡其用。

使用以下的小技巧，仔細用心照顧你擁有的衣物：

聰明收納

- 清洗、折疊和收納非當季衣物，為正在穿的衣服騰出更多空間。
- 沿著縫線折疊，就可以避免衣服起皺或裂開。
- 不要使用塑膠真空包裝袋，雖然它們確實能節省空間。
- 使用無酸保護紙來覆蓋衣物，也可以放在舊的棉質枕頭套裡讓它們透氣。
- 衣物不能放在潮濕、陽光直射或高溫的地方。
- 不要使用可能會損壞衣服的鐵製衣架，更千萬不要懸掛針織衣物。
- 在下一章節，你將會學到一些基本的修補技巧！

冷凍清潔法

- 可以將牛仔褲放在冰箱裡幾天來恢復清爽，不必丟下水清洗。

- 如果針織衣物出現衣蛾問題，則要經過洗滌、裝袋，並冷凍兩周就能解決，這樣做可以殺死幼蟲，否則幼蟲們就會啃食你的衣服，導致破洞。收納所有針織衣物之前，最好都這麼做。

— 🔍 —
博物館都會將服飾文物保存在18到23℃之間。

洗滌方式

- 減少洗滌的次數，以維持衣服的品質（另請參考第108頁）。

- 相似顏色的衣服一起洗。清洗時，牛仔褲可以翻面，以防止褪色。

- 古董服飾、羊毛與精緻衣物都要輕柔地手洗。

- 衣物下水前，確保拉鍊都已經拉上，口袋也要掏空。

- 皮革衣物要定期保濕和保養，以免裂開。

- 使用電動除毛球機來去除毛球，快速讓布料煥然一新。

- 精緻衣物與針織衫最好平攤在毛巾上自然風乾，並重塑形狀。

- 試著將起皺的衣服掛在有蒸氣的浴室裡，不要進行熨燙，熨斗的溫度會傷害布料。

- 避免使用烘衣機，這會導致衣服起毛球，也會破壞布料的韌性。

現代快時尚文化出現之前，人們總是精打細算來節省開銷，並能聰明又巧妙地運用手頭上既有的衣服，尤其是在生活艱困的時期。數世紀以來，人們一直透過親手縫補讓衣服重獲新生，在戰時尤為必要。

第二次世界大戰期間，美國與英國政府會平均分配布料，確保戰爭過程中保有充足的原物料資源。英國政府還推行了一項名為「能穿就穿，能補就補」（Make Do and Mend）的計畫，發行傳單鼓勵人民修補和改造他們的舊衣服。

一九四三年一月，就連時尚雜誌《Vogue》也建議讀者們翻新現有衣物，不要再購買新衣服，畢竟大多數人已經沒有能力消費了。現在，我們也可以重新認識「能穿就穿，能補就補」的原則，正式向浪費宣戰。

找回失落的工藝

過去，所有年輕女孩都要學習刺繡、編織、縫紉和縫補。現代女性不再侷限於學習家政學科，這是一件好事，但這些優秀的技能還是十分實用。想成為縫補達人，先學習縫紉是個很好方法（請參考第48頁）。

用心呵護的責任

在當時受戰爭波及的國家中，縫補衣物成為一種愛國的義務和必要責任。人們會剪裁舊的衣物，並重新製作成戰時服飾。由於絲綢短缺，婦女會共用正式服裝和婚紗，也因為許多男人長年不在家，興起一波風潮，鼓勵婦女利用丈夫的西裝，改造成適合所有家庭成員的日常衣物。

化妝和髮型在當時也變得越來越重要，女性發揮創意，找到解決戰爭物資短缺的方法，比如，她們會用鞋油充當睫毛膏，甚至會用茶汁將腿部染色，再用褐色的肉汁在大腿後側畫上一道絲襪的縫線！

白色婚紗

戰時用於降落傘的絲綢若有剩餘，有時會被用來製作成婚紗。雖然所謂的「絲綢」，其實只是尼龍或人造絲。新娘們不一定要穿白色，或者，婚禮後她們也會將全白的禮服染色及修改，這樣以後就可以再繼續穿。

WARTIME FASHION

- - - - -

戰時時尚

　　在戰時或其他艱困的時期，還有餘裕能享受有趣又輕鬆的時尚嗎？畢竟二戰期間，衣服和布料都十分短缺，人們的穿著受到各種限制。

　　政府的配給制度是為了確保食物、燃料和衣服等必需品都能平均分配。英國政府也推出了一項名為「實用服裝」的計畫，目的是要大幅減少浪費，同時確保衣服的品質合理。頂級時裝設計師也被要求根據嚴格的規則來設計各式服裝。

　　比如，服飾不得出現打褶設計、不可以有兩個以上的口袋，或五顆以上的紐扣，更必須加強縫線，使它們能穿得更久。男士襯衫必須製作成最大長度，西裝只能單排扣，褲腳也禁止上摺。服飾廣告大肆抨擊浪費行為，甚至暗示奢侈的服裝是不愛國的表現。

實用風格

戰爭期間，許多女性開始穿著連身工作服，這種衣服非常實用而且很容易穿上。連身衣是當時的新發明，十分保暖舒適，而且有許多必備的口袋。

褲裝風潮

戰爭期間，在工廠工作的女性們都穿褲裝，褲子很快便開始受到歡迎。而美國女星凱薩琳・赫本（Katherine Hepburn）也在多部電影中身穿優雅的寬褲，潮流於是興起。

女性褲裝並未隨著戰爭結束而退潮。

新風潮

長年的物資配給也改變了人們的穿著方式，以及對時尚的態度。戰後，設計師克里斯汀・迪奧（Christian Dior）發表了「新風貌」（New Look）春裝系列，收束的腰圍加上墊肩與蓬蓬裙，在巴黎引發極大的轟動。但經過多年的緊縮政策，也有許多人認為，迪奧使用大量的布料是種糟糕的品味。

襤褸拼布外套

JAPANESE COOL

日系潮流

　　世界上有許多極具影響力、代表性和創造力的時裝設計師都來自日本，包含三宅一生（Issey Miyake）、山本耀司（Yohji Yamamoto）、渡邊淳彌（Junya Watanabe）和川久保玲（Rei Kawakubo）。

　　日本服裝設計兼容現代感與新技術，同時又尊重本身豐富而獨特的歷史傳統。其中一項傳統就是拼布與補丁，又稱為「襤褸」（Boro），是一種順應當時需求而產生的文化。

襤褸拼布

　　「襤褸」意即「破爛碎布」，這種
文化可以追溯到一六○三年至一八
六八年的日本江戶時代，當時布料價
格昂貴，且數量稀少。有些布料只有
富人才能買到，比如絲綢，或任何顏色
鮮豔、帶有印花的紡織品。就算是很小塊
的碎布也價格不菲，人們別無他法，只好修補他們
自己現有的衣服來穿。

印度的刺繡衲縫（kantha）和
日本的襤褸拼布有著異曲同工
之妙。刺繡衲縫是以細小的平針
縫，來修補、疊加並縫合穿舊的
傳統紗麗服（saris），用來做
成毯子等新的紡織品。

　　而「襤褸」本是指經年累月縫補的衣物和被褥，它們經過代代相
傳，最後成為傳家之寶。每當一件織品上出現破洞或變薄時，人們
就會用藍染（indigo-dyed）的碎棉布、亞麻或麻布來拼接縫補。

> **日本家庭不斷修補布料，藉此講述了織品的故事，
> 並創造出珍貴的傳家之寶。**

　　十九世紀初，日本工人階級丟棄了襤褸拼布服裝，因為他們已
經擁有了更高的生活水準，並對長年的貧困生活感到羞恥。襤褸拼
布正好反映出他們過去的清寒，而當時的政府對於保存襤褸拼布傳
統也絲毫沒有作為。

　　現在，這些服飾在拍賣會上總以高價賣出，並在藝廊展覽。古
董或經典襤褸拼布已經成為有價值的收藏品，也激發了現代縫補的
新潮流。

DO SAHIKO

刺子繡

刺子繡（sashiko）在日語中為「細小的刺縫」之意，通常是在藍染布料上加上縫線，襤褸拼布上經常可見。刺子繡可用以加強和修復磨損變薄的布料，或運用在衣物的手肘和膝蓋等較脆弱的地方，強化這些區域，防止它們磨損得太快。此外，它也有裝飾用途，人們多半會以白色繡線來進行平針縫（running stitch），創造出小虛線或破折號的圖樣。

你是否也想嘗試應用一些刺子繡，好讓衣服能穿得更久？你可以從本書最後附上的經典樣式著手⋯⋯

必備材料：

- 準備用來刺繡的布料或衣服
- 長的刺子繡針（或長的手縫針）
- 白色刺子繡專用線或一般繡線（喜歡的話，也可以嘗試不同對比色的線材）
- 尺（如果你準備手繪圖樣的話）
- 粉片
- 珠針
- 用來點線的原子筆或鉛筆
- 列印出你要的圖樣範本（可以使用本書後面的範本、上網搜尋其他樣式，或自己創造）
- 裁縫剪刀
- 繡框（非必要）

作法：

1. 選擇一種圖樣。可以選擇你自己的樣式，或使用本書後面的三種刺子繡圖樣之一，每個紅色框線內都是一種圖樣，依照需要重複這些圖樣。

2. 將印有圖樣的紙張鋪在衣服上，接著使用珠針，沿著圖樣的線條刺出許多小孔。在圖樣上以粉片反覆摩擦畫線，好讓粉墨穿過紙上的小孔，轉印到底下的衣服上。

3. 將紙張拿開，用粉片在布料上重新將圖樣描一遍，這樣你就能清楚地看到圖樣。記得，粉片是可以擦掉的，就算畫錯也不必擔心！或者，你也可以跳過第二步驟，以尺輔助，在布料上直接徒手畫出想要的圖樣。

4. 如果你有準備繡框，可以用繡框將衣服繃好。穿針，並在線尾打個結。

5. 依照圖樣，在布料上進行基本的小平針縫，縫線看起來應該要像連續的小破折號或虛線，且間隔均勻。

6. 完成後，將針穿到背面，衣服也翻到內側。稍微挑起前一針的縫線，將針穿過，直到線尾形成一個小線圈時，將針再穿過線圈一次，收線打結。重複上述步驟兩次。

平針縫

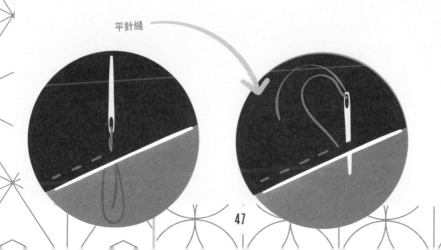

時尚修補

　　就算東西壞了，也不要直接扔進垃圾桶，先試著修理！本書中有許多點子能讓你開始動手嘗試，但是如果你是那種喜歡當面學習的人，或者你在本書和網路上都找不到所需的建議，那麼你也可以直接出門尋找公益維修咖啡館。

　　公益維修咖啡館是一種免費的社區活動，你可以在志工們的幫助下，學習如何修理物品，他們總有實用的技巧能與你分享。這個活動首度由記者馬丁・波斯特馬（Martine Postma）在二〇〇九年發起於阿姆斯特丹，現在全球各地已經舉辦了上千場公益維修活動，包含了維修咖啡館、重啟派對和維修診療所等等。

什麼都能修

　　你可以帶電器用品、腳踏車、衣服，甚至是傢俱前往公益維修咖啡館。但由於壞掉的物品太多了，而知道如何修理的志工比較少，所以可以早點抵達，並保持耐心。你可能會需要等候，但這是值得的！

你能成為修補達人嗎？

修補達人會利用自身的技能，積極減少購買和浪費。他們不只會修補自己的東西，也會想要幫助別人。修補達人不會輕易被打敗，就算他們自己修不好，也會向其他懂得修理的人求教。他們永遠不會有停工的一天，因為總有更多的東西要修理。

就算你沒有時尚相關學位，也可以學習怎麼修補衣服。只要你擁有以下的某些特質，就具備成為修補達人的基礎了。

必備特質：

- 不畏懼將物品拆開
- 享受解決問題的樂趣
- 良好的手眼協調能力（觸覺技巧）
- 一些創造力

如何找到
附近的公益維修咖啡館？

當地的線上論壇和社群網站都是個好起點。圖書館或社區中心也經常舉辦公益維修活動，可以多加留意那裡的海報或傳單。

請參考第149頁，了解如何找到當地的公益維修咖啡館。

MAKE-DO-
AND-MEND TOOLKIT

- - - - - -

修補工具包

以下是每位修補達人的工具包中所必備的物品……

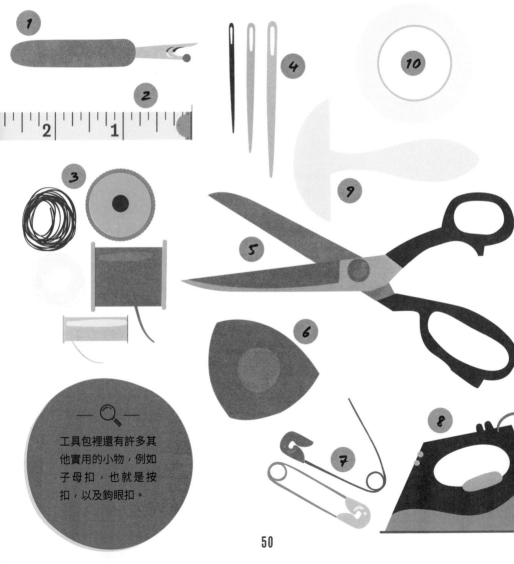

工具包裡還有許多其他實用的小物,例如子母扣,也就是按扣,以及鉤眼扣。

若想打造非常實用的工具包，
以下是其中的縫補配件與小工具清單。

1 拆線器（挑線器）

用來拆除不需要的縫線。

2 布尺

一種測量布料與身體尺寸的柔軟捲尺。

3 各式不同顏色的繡線及縫線

繡線及縫線，用於縫紉、刺繡和繡補。

4 各式不同的手縫針

這些針將用於手工縫紉，有各種不同的尺寸。

5 裁縫剪刀

用以裁剪布料。不要讓別人拿你的裁縫剪刀去剪裁紙張，這樣會使刀鋒變鈍！

6 粉片或水消筆

用來在布料上做臨時標記，可以擦掉或洗掉。

7 安全別針

用來臨時固定布料。

8 熨斗

可用來攤平縫份、燙平皺摺，以及在縫補前把補丁布料燙平。

9 織補蘑菇輔助器

織補（darning）針織品時，可以用這種堅硬的弧狀表面輔助。

10 布用雙面膠襯（奇異襯）

在縫合之前，以熨斗輔助，將布料暫時黏在一起。

11 頂針

縫紉時，可以用來保護手指。

12 紗剪

用來剪繡線及縫線的小剪刀。

13 珠針

縫紉時，可用來固定布料。

也可以考慮開始收集碎布、紐扣和拉鍊。如果你發現認識的人正要丟掉破損的衣物，可以將其中一些布料和扣合件收進你的儲物櫃裡，以便之後使用。

DO PATCHING 補丁

在理想的情況下，你可以在衣服出現破洞之前，就先以刺子繡來加強磨損的布料（請參考第46頁），但是如果衣服真的破了，何不發揮創意來運用補丁，並實踐你的修補達人理念呢？你可以將補丁縫製在衣服裡面，也可以補在衣服表面，取決於它們的修補位置、用來補洞的布料，以及你想打造的衣服外觀。

1 剪裁補丁布料，要裁得夠大，好覆蓋住破洞本身，以及破洞周圍任何磨損的區域。

2 將補丁布料的邊緣往內折疊0.5至1公分，並以熨斗燙平。使用熨斗時請務必小心。

打造一個裝滿各式小碎布的織品庫，供往後的修補計畫使用。翻翻舊衣服、被套、窗簾，甚至是桌巾，在回收之前先留下任何有用或有趣的材料。別忘記拆下並保留拉鍊、各式扣合件和美麗的裝飾物，這些都可能會派上用場！

3 用珠針將補丁固定在衣服上，然後進行疏縫（假縫），暫時固定住布料。接著拆下珠針。

4 以毛邊縫（blanket stitch）或捲針縫（whip stitch）針法縫合補丁邊緣，並打結收尾。

毛邊縫

每縫一針，都要小心地將針穿回線圈中。

以四十五度角入針。

捲針縫

試著選擇與衣服原本厚度相似的布料，也可以剪下口袋內裡的布，就會與原本一模一樣了。

5 將剩餘的線頭剪去，並驕傲地穿在身上！

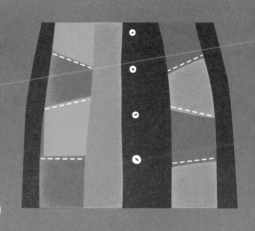

鼓舞人心的補丁

拼布也是運用小碎布的方法，將小塊的布料拼接在一起，變成一塊更大的布料來製作服裝。或者，在現有的服裝上加上各種層次的彩色補丁，便能翻新衣物、遮住損壞的區域，或單純打造出你獨一無二的服飾。

DO DARNING

- - - - -

織補

以歐式織補（swiss darning）加強磨損的區域，有點像是在刺繡，模仿衣服原本的織法來進行加強。

織補蘑菇輔助器

3

4

從此處開始

如果你的針織衫或任何編織物上破了洞，就可以用織補的方式來使衣服煥然一新。修補衣物時，這種方法也能取代補丁，是一種必學的日常修補技能。

你需要的材料：

- 織補蘑菇輔助器，也可以用小陶碗、網球，或是任何帶有堅硬弧狀邊緣的小物
- 長的手縫針
- 羊毛線、縫線或繡線
- 剪刀或紗剪，或任何你手邊有的特殊小剪刀，可以用來處理極小的細節

1 選擇線材時，參考你手中待修補的針織衫，選一捆材質相似的線。

2 將線材穿過針頭，但線尾不要打結。

3 翻到衣服的反面，並將織補蘑菇輔助器（或有弧度的小物）放在待補的破洞下。儘量不要將衣服繃得太緊。

4 從破洞的左下角開始修補。破洞周圍的區域需要特別加強，因此要從破洞或磨損區域的左下角二到三排處開始入針

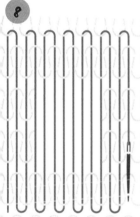

5 依照針織衫原本的織法，由下往上修補。選一個方向朝上的線圈入針，接著開始進行歐式織補。

6 遇到破洞上方邊緣時，就將針直接穿過去，確保尾端要留下兩公分的線。

7 接下來，選一個方向朝下的線圈，並開始反方向進行織補（以目前的例子來說，就是由下往上）。遇到破洞邊緣時，一樣要穿過去，每一排的末端記得留下一個小圈圈，修補處才能保有伸縮彈性。

8 從破洞的左到右，垂直重複織補，直到完全覆蓋住破洞。

9 接下來，將線穿入剛才縫製的垂直縫線，開始進行水平方向的織縫。運針時，確保水平線要交替穿過垂直縫線的上方和下方，才能使你的織線整齊交錯，而不會留下縫隙。

10 完成水平方向後，一樣要留下線尾，但不要打結。

11 將剛才留下來的線尾一一織入。將針穿入線尾，往反方向縫幾針之後打結，再剪掉多餘的線尾。每一段線尾都要重複這個步驟。

12 完成後的織補看起來應該會是這樣！

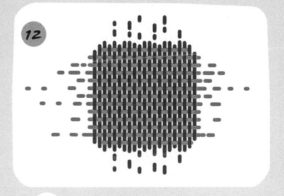

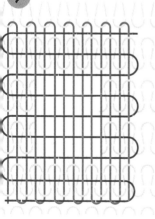

VISIBLE MENDING

- - - -

布表縫補

縫補有兩種類型，一種是衣物表面可見的，一種是藏起來的，無論是哪一種都十分有用。而縫補的方式則取決於衣服本身，比如這件衣服的材質、哪裡損壞了、之前如何使用，以及它接下來將如何被運用。縫補也會影響到這件衣服之後的外觀。

雖然修補衣物最主要是經濟和每況愈下的環境因素使然，但近年來，布表縫補也開始蔚為趨勢。手作愛好者搭上了這股風潮，以此為他們的衣櫃增添新氣象，在喜歡的衣物損壞時予以修復，還可以善用這些縫補技巧，彰顯自己的衣服真的已經穿得夠久了，一定要抽空好整以暇地修補才行。坊間有多位知名布表縫補達人，包含希莉亞‧皮姆（Celia Pym）、荷蘭湯姆（Tom of Holland）、布麗姬‧哈維（Bridget Harvey）和艾米‧特威格‧霍洛依（Amy Twigger Holroyd），他們早已擁抱這種工藝形式，無疑使得縫補過後的服裝遠比之前更加好看。

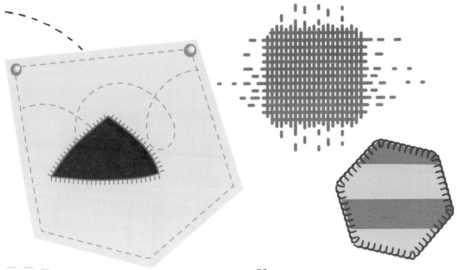

侘寂（wabi sabi）是一種日本哲學，要人們在不完美、無常、不完整，與非傳統的事物中找到美感。這與現代社會中了無生氣的簡化線條完全相反，更遑論我們周遭還充斥著大量Instagram濾鏡，一切都經過精心編排。侘寂哲學也可以應用到我們的衣服上。當人們喜愛某些衣服並經常穿在身上時，這些衣服會隨著時間而漸漸出現磨損、髒污和裂痕，進而呈現出屬於衣服主人獨特的樣貌。每一個破洞和脫線之處，都可能帶有一段經歷的情感和回憶，因此縫補是這些衣服的生命中不可避免的階段。

若以後你的衣服破了一個洞，何不將它視為一個彰顯特色的機會呢？試著用醒目的對比色來織補，讓它看起來更顯眼，並向旁人展示你花時間和心思修復的衣服。你也可以使用一些巧妙的刺繡或珠飾品來突顯修補處，甚至，運用不同顏色的線材，以毛邊縫來加固破洞邊緣，但留下破洞來強調特色！這勢必會成為一個聊天話題，說不定還會激勵其他人去修補自己的衣物。

全神投入縫補

縫補衣物讓我們在一天中能抽出時間來放慢步調、放鬆、深思和重振自己。這種富有節奏且重複的手作技巧能帶來平靜，更能促進正面的心理健康和幸福感，並遠離日常生活的壓力。

PART

3

Wear What Others Have

穿別人的衣服

你已經翻箱倒櫃，但還是很需要或很想要一件不同的衣服。先別去購物！獲得新衣服和新款式最簡單的方法之一，就是穿別人的。透過借用、分享和交換，我們就能在不花錢或破壞環境的情況下，打造出新的穿搭風格。

58

交換是一種很棒的方式，可以讓我們認識穿搭品味相近的朋友，還能讓大家互相交流，衣服也同時重獲新生。某些人可能有兄弟姊妹，所以早已習慣互相借用衣服，如果他們很會穿搭，那就更幸運了。另外，要是你很欣賞某位朋友的風格，只要有禮貌地提出請求，說不定對方也願意和你分享他們衣櫃裡的東西。交換衣物還可以讓你實驗不同的搭配方法、版型和尺寸，藉此認識不同的風格，更不必多花錢，就能裝飾和嘗試新的穿搭。

弄清楚尺寸並做些簡單的修改，都能讓你增加挖到寶的機會。想穿別人的衣服，或許會需要花些耐心說服對方，自己也要敞開心胸嘗試，但這將能讓你的衣櫃充滿全新的可能性，並為你打造出全新的風格。

NO SWEAT SWAP

輕鬆交換

　　我們不敢穿二手衣，箇中原因常是我們不知道這些衣服來自哪裡，雖然，我們明明也不清楚新衣服的產地！衣服緊貼著我們的皮膚，固然是非常私密的，但請記得，衣服是可以洗的。如果你仍然對購買二手衣持保留態度，那麼就和你的好友交換或借用衣服，這會是個很好的開始。

　　說起穿搭，同儕對我們一定最具影響力。向朋友借一套衣服來穿，這可以讓你在沒有任何經濟負擔的情況下嘗試新的風格。當然，向別人借東西時，一定要把它當成自己的物品來保護，而且一定要還給對方！千萬不要為了一件衣服而吵架。

　　交換是很好的方式，你淘汰的衣服可以讓其他人繼續穿，而你也能換到一些想穿的單品。因此，何不邀請好友們一起分享他們衣櫃裡不想要的品項呢？過程中，你可能會以新的眼光看待你原本不要的衣服，也可能會在你朋友的櫃子裡挖到寶。定期交換衣服，說不定你就再也不需要買新衣服了！

交換守則：

　　無論你是在家中和朋友交換衣服，或是去參與大型交換活動（請參考第62頁），以下是一些基本守則：

~~~~~~

● 只能交換乾淨且完整的衣物。

● 最好要先試穿。

● 將你100％確定合適的衣物帶回家就好，否則只會增加一大堆你不穿的衣服。

● 如果你看中的衣服不合身，別擔心，把它放回去，再找一件就好。

● 你的舊衣服都找到好歸宿了，要為此開心。

COMMUNITY CLOTHES SWAP 社群交換活動

如果你很希望在生活圈中發揮影響力，降低購買新衣服對環境造成的影響，可以把朋友之間的交換，拓展成為一個眾人參與的大活動。

來看看怎麼做吧：

① 尋找場地

學校禮堂、圖書館、咖啡廳、藝廊、宗教聚會中心或活動中心，這些都是衣物交換場地的好選擇。有些地點可能會很樂意讓你免費使用他們的空間，有一些則可能會需要租借。如果你必須支付場地費，則可以販售門票，或收取少量入場費來回收場地成本。

② 宣傳活動

海報和傳單上要包括日期、時間、地點，如果不是免費活動，也要寫上票價，並簡單介紹交換活動，以及大家可以帶什麼來交換。在高人流量與能見度的地方張貼這些宣傳品，例如超市和咖啡館，但要先徵求許可。也可以利用社群網站宣傳，與你的社群朋友分享這個活動，並試著讓這個場地的使用者與當地社群都知道消息。定期更新活動頁面，保持大家對活動的興趣，並聯繫當地媒體來做廣告。

③ 分工合作

你需要有人幫忙整理、分類衣物和打包。問問朋友和家人能否協助，並分配任務給每個團隊成員。你會需要一到兩個人在接待處負責檢查大家帶進場的衣服，一個人負責監督更衣室，還有一個人負責管理交換區。團隊成員在活動當天要穿同一個色系，這樣人們需要幫助時，就會知道應該要問誰。

4 成功換物

- 你打算如何展示衣服？吊衣桿和衣架是理想的選擇。問問別人有沒有，或上網借用。也可以看看當地的服飾店，甚至劇院團體能不能借你一天。還是借不到吊衣桿嗎？那麼就看看場地是否有可以用來展示衣服的桌子，或用細繩和衣夾做成一條晾衣繩，其他小物則可以放入貼有標籤的盒子裡。

- 詢問場地是否有供應茶點，也可以找當地食品企業贊助活動，用他們的零食來交換現場宣傳。甚至，也可以請大家各自帶些點心來分享。

- 編排一個很棒的音樂清單在現場播放。

- 發放「代幣」給參與者用來交換衣物。代幣的數量等同他們帶來交換的物品數量，也就是說，如果有人帶了兩件物品來交換，那他們就可以領到兩枚代幣，並可用來交換兩件衣服。

- 在更衣區擺設鏡子，並懸掛床單或窗簾來保護隱私。

- 活動尾聲，也可以提供大家額外購買的機會。

- 將剩餘的衣服捐贈給任一家當地的慈善商店，或者也可將剩餘的衣服先儲藏起來，作為下次交換活動的庫存。

5 活動當天

- 如果你預計會有很多人參與，那麼要錯開遞交二手衣和交換活動的時間，好讓你和團隊有時間檢查、分類和展示這些衣服。

- 檢查每件衣服的品質，注意褲襠破洞、下襬磨損、肩帶斷裂，以及脖子、腋窩和袖口周圍的污漬。如果衣服不適合交換，要拒絕收取，並建議帶來的人這些舊衣還有哪些功用（請參考第48頁）。

- 大家離場時，要檢查代幣和衣服的數量，確保公平交換。

交換愉快！

SIZING UP

- - - - -

尺寸評估

　　如果你曾經覺得某件衣服別人穿起來比你好看，你不孤單。時尚可以喚起許多情感，有時它們並不一定會讓我們自我感覺良好。事實上，對體態缺乏自信，會對我們生活的各個方面都產生影響，可能會影響我們在學校或工作上的表現，並使我們產生羞愧和罪惡感。我們經常拿自己與每天看到的完美形象作比較，雖然我們都知道這很不健康，卻很難放下。

　　交換衣服的過程中，你和朋友可能會討論到一些關於尺寸的棘手話題，但每個時尚品牌的尺寸都各有所異。每個品牌都有不同的目標客群，這些客人們擁有各自的生活型態，而品牌則會為他們打造各種不同的「理想」尺寸。然而，有限的「理想」尺寸通常會排除不同體態和體型的人，還可能會導致他們對自己的外表產生負面的感受，甚至患上身體畸形恐懼症。因此，千萬不要將合身和身材這兩個觀念混淆。每個人的身體都是獨特的，我們更不該用衣服的尺寸來貶低自己的價值，接受自己的身體，這會是一種解放。

**尺寸
不代表一切！**

　　已經有許多人發起活動來挑戰時尚產業，藉此
傳達消費者與人群的多樣性，應該要不分年齡、生
活方式、種族或是體型。總有一天，我們會在廣告
活動與華麗的時尚大片中，看到我們自己與一般人
的形象，再也不是修圖過度，而且看起來很假的模
特兒。

　　但在那一天來到之前，別以標籤上的尺寸為
恥。改變你的衣服，讓它們適合你獨特而美妙的身
體，並展開行動，幫助時尚產業變得更貼近真實。

DO BUTTONS

- - - - -

縫紐扣

　　所有修補達人最先學到的關鍵技巧，就是將紐扣縫回衣服上。紐扣可能是金屬、玻璃、木頭、塑膠、陶瓷、貝殼，甚至骨頭製成，因此，你可以選擇購買或重複使用更加環保的紐扣。何不發揮創意，運用紐扣來裝飾衣物，好為它們增添色彩、層次和趣味？

該選哪些紐扣？

若要挑選植物製成的紐扣，最佳選擇包括了竹子、天然樹脂和椰子殼。而最新的環保選材之一，則是來自中南美洲的象牙果（corozo），又稱塔瓜果（tagua）。象牙果是一種熱帶棕櫚樹的種子，內含白色胚乳，成熟變硬後十分耐用，被稱為植物界的象牙。由象牙果製作的每顆紐扣都完全是可再生資源，每個季節都會生產新的種子。

象牙果是南美塔瓜棕櫚樹的種子。

　　有些時尚品牌的服飾很難修補維護，甚至連一顆簡單的備用紐扣都不願附上，直接假定或期望紐扣掉了之後，消費者就會把衣服扔進垃圾桶，再去買一套全新的衣服。然而，也有部份品牌了解到，顧客希望自己購買的衣物能物盡其用，於是提供了後續的修補服務。

如何正確地縫紐扣

你需要的材料：

🔘 紐扣　　🔘 手縫線　　🔘 手縫針　　🔘 剪刀

1 針穿入線之後，在線尾打結。

2 從布料的反面入針，穿到正面出針後，往前一點入針穿到布料反面，這樣就是一針。在要縫上紐扣的位置，以上述方法縫出一個十字。

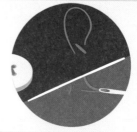

3 用一隻手固定住紐扣，由布料反面入針，穿過紐扣的其中一孔，再往上推由正面出針。

4 將針從另一個孔穿入布料，並往下推由背面出針。

5 重複以上步驟三到四次，或直到紐扣穩固為止。但不要把紐扣縫得太緊，否則會很難扣上。

6 將針穿過紐扣的其中一孔，但不要穿過布料，讓針從紐扣下方的右側穿出來。

7 用縫線在紐扣下方的間隙繞個幾圈，然後再將針穿到布料背面。

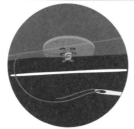

8 在布料背面打個結，就完成了。

縫製雙孔或四孔的紐扣時，你可以來回縫成「－」或「＝」，四孔的紐扣還可以交叉形成一個「X」。

67

DO HEMS

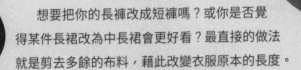

下襬收邊

想要把你的長褲改成短褲嗎？或你是否覺
得某件長裙改為中長裙會更好看？最直接的做法
就是剪去多餘的布料，藉此改變衣服原本的長度。

你需要的材料：

- 粉片
- 手縫線
- 手縫針
- 剪刀
- 熨斗
- 尺
- 珠針（或安全別針）

1 將衣服穿在身上，嘗試看看你想要什麼樣的長
度，接著用粉片標示出你最後的選擇。

2 脫下衣服，放在桌上或地上，並以尺和粉片在
標記處畫一條直線。

3 在直線的下方預留五公分*的下襬縫份，並用
粉片在這個位置再畫一條線，這才是你最後要
進行裁剪的地方。一定要用尺畫，才能確保寬
度完全一樣。

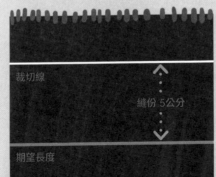

裁切線

縫份 5公分

期望長度

*此為標準縫份，你也
可以調整為任何所需
的長度。

4 沿著最下方的那條線裁剪，接著將縫份對折再對折，好將布邊隱藏在內側，將衣服調整成你想要的長度。折縫份的同時，要一邊用珠針固定，而且一定要朝衣服的內側折疊，才不會看到縫份。

5 開始收邊之前，先進行熨燙。

6 用珠針將縫份固定好，最好在正式收邊之前先進行疏縫。所謂的疏縫，是以對比色的線材來暫時固定布料。

7 以藏針縫的方式將下襬縫好，針目最好要細小一些，這樣衣服的外觀才看不到縫線的痕跡。

8 拆除疏縫線。

9 穿在身上，並搭配一番。

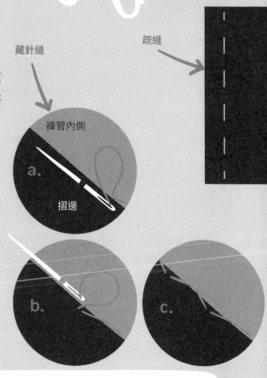

裁切線　折線　期望長度

疏縫

藏針縫

褲管內側

a.

摺邊

b.　c.

太短了嗎？

　　若想增加衣服的長度，可以先將下襬拆開，再重新將摺邊改小一點。如果下襬縫份的布料不夠多，也可以在衣服底部多車上一段布料或滾邊來增加長度，或直接採取不收邊處理，讓下襬呈現抽鬚和破損感。

割愛、舊物、復古、省錢，這些關鍵字都是用來形容同一個概念，那就是：二手！而且毫無疑問，採購二手衣是一種極為經濟實惠的方式，讓你可以取得符合環境永續責任的衣物。多去逛逛在地的慈善商店和二手店，或搜尋拍賣網站，這些方法都與交換和借用衣物一樣，對地球十分友善。

全球二手衣市場其實很大也很繁榮，你可能會對別人認為的「垃圾」感到驚訝。先讓我們回顧一下前面「整理衣櫃」的小節（請參考第24頁），你為什麼會丟棄某些很好的衣服呢？也許它們是你不喜歡的禮物、誤買的商品，或早已不再合身了。其他人剔除某些衣物也是出於同樣的原因，因此，某人眼中的垃圾，極可能成為另一個人的寶藏。

慈善商店有一項重要的服務項目，就是阻止衣服被扔進垃圾桶，並賦予它們重新被穿在身上的機會，這也能為慈善機構其他重要的計畫募集資金。有些人無法接受在慈善商店或二手店購買衣服，他們覺得衣服很髒，或認為只有買不起新衣服的人才會去那裡購物。

　　但這與事實大相逕庭。二手消費其實意味著，你可以用更便宜的價格買到各大品牌的衣物。如同快時尚消費者，熱愛低價商品可能是慈善商店消費者的採購動機，當然買二手貨的人也十分熱衷挖掘獨特、非比尋常且獨一無二的寶藏。

　　在這個章節中，我們將帶你認識選購二手商品的方法，以及購買時的注意事項，並了解如何避免購買只適合單次使用的衣物，或是貽笑大方的假皮草。祝你省錢愉快！

HOW TO SHOP SECOND-HAND

- - - - -

如何挑選二手衣

　　採購二手衣物時，你站在一排排擁擠的貨架前，等著挖掘裡頭潛藏的寶藏。這段購物之旅的有趣之處在於，你可能會看到連鎖服飾品牌Primark旁邊，就掛著一件Prada的衣服。不過，比起標籤上的品牌名稱，你應該要更著重在衣服的剪裁、質料和設計上，採購二手衣物能幫助你建立出獨特的個人風格。以下是充分挖掘二手衣的小技巧：

1 慢慢逛

給自己足夠的時間選購，每一件衣服都是獨一無二的，務必要仔細看。

2 購買之前先試穿

有些衣服穿在身上會更好看，除非你是在網路上購買，否則只要覺得花色吸睛，那就試試尺寸。要記得，尺寸各有所異，如果你沒那麼肯定，就要試穿看看。嘗試不同的版型和風格，幫助你更加了解自己喜歡什麼樣的衣服，還有哪些比較適合你。比如，這件衣服是適合寬鬆的風格，還是需要一些簡單的修改？（請參考第68頁）

3 對修補要抱持切實態度

你可能會在衣服上發現奇怪的破洞，或是紐扣不見、下襬脫落了，如果你擁有修補達人的技巧，你可能就撿到便宜了，尤其是買到降價或標有「物況不良，低價售出」的衣服！但是，對於大範圍修補要抱著實際的態度，你是否有能力，又準備花多少時間來進行修改？

4 布料觸感

六〇到八〇年代的許多衣服都是合成纖維製作的，如果你比較怕熱，就不要選購這些衣服，特別是夏裝。避免選購上面有大量毛球的衣物（請參考第27頁），這表示布料的品質可能很差，或已經不再是最佳狀態。記得閱讀標籤、摸摸布料。有些布料很容易產生靜電，也有一些可能會在某些光線下變得太過透明，導致不能穿。只要有顧慮，就要試穿看看。

> 時尚往往從過去汲取靈感。回頭看看10年前的原創設計，其中有一些激發了當前潮流，你也能以此打造出獨特的風格。

5 檢查扣合件是否有損壞

金屬拉鍊如果卡住，可以用護唇膏或蜜蠟來加以潤滑。若是少了紐扣、鉤眼扣、和子母扣等等，則很容易替換。

6 檢查接縫處

縫線是判斷衣物製作品質的重要指標。法國縫（French seam）、明包縫（flat-felled seam）或滾邊縫（bound seam）都是好品質的象徵，因為布料的毛邊都已經收攏了。

7 磨損的跡象

大多數太過破舊的衣服都不會被放進店裡，有些衣服或許可以做些趣味的修改，或來場時尚大改造（請參考第78頁），可以多留心看看。褲子磨損的下襬可能有機會進行裁剪，或改成短褲。看看衣領、袖口和腋窩是否褪色，這也可能會成為有趣的絞染素材（請參考第84頁）。檢查針織衫是否有衣蛾生長的跡象，如果有疑慮的話，將衣服冷凍兩周，就足以殺死任何幼蟲。

FASHION ANIMAL

時尚動物

　　有些人認為，如果是購買慈善商店的古董皮草來穿，這尚可接受，因為動物早就已經被殺死了。但也有些人會完全避免，畢竟這是取自一隻死亡的動物。你也可能會在慈善商店找到一些動物皮毛製成的二手衣物，不妨先了解一下這些時尚製品背後的真相，至於是否要購買，就是你個人的選擇了。

真皮草，還是人造皮草？

　　一九九〇年代之後，皮草便不再流行，但它從未完全消失，尤其二手商店都還能找到。支持皮草的論點指出，皮草屬於永續且天然的纖維，可以生物降解，不像壓克力纖維或尼龍等化學的人造製品，需要六百年以上才能分解。然而，真正的皮草需要經過甲醛和鉻處理，才能防止腐爛。有些人認為，假皮草可以降低人們對於真皮草的需求，有些人則強調皮草只是一種食品工業的副產品，這個論點實在很難同意或反駁。許多動物權推動者公開揭露皮草養殖製造的影片和照片，這些內容全都叩問相同的問題：為了剝皮而殺死一隻動物，這是人道的嗎？

受苦的蛇

　　無論你喜不喜歡蛇，飼養牠們來做成靴子或包包的過程，絕對足以讓你感到反胃。如果蛇長得可愛又親人，我們是否會更難接受它們的遭遇？有些蛇生長在養殖場中，但也有一些是野生的。野生蛇類是自然界中的掠食者，據說獵殺牠們會導致老鼠數量增加。

皮革萬歲？

　　皮革製品如此經典、永恆、耐磨，讓人很容易忘記它是種動物產品。牛隻是地球上養殖數量最高的動物，在被做成皮包和鞋子之前，製革廠會負責先行處理牛皮。印度恆河岸邊有大約四百家製革廠，不斷排放出錳、鉛、銅和鉻等有毒的化學混合物。這些化學物質和重金屬不僅會殘害河流生態，還會致癌，它們流入地下，污染了飲用水和農作物，進入了人類的食物鏈之中。植物鞣革是一種較為傳統的工藝，不使用這些有毒的化學物質，但製程十分耗時，因此成本比較高。

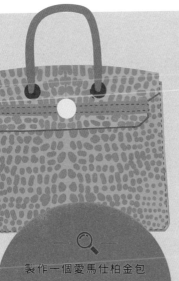

製作一個愛馬仕柏金包（Hermes Birkin）需要使用多達四隻鱷魚的皮，目前售價為14萬英鎊。

鱷魚狂潮！

　　鱷魚皮長久以來都被視為奢華時尚的象徵，到了一九三〇年代，鱷魚皮產品更開始大規模生產。一九五四年至一九七〇年間，每年平均售出兩百至三百萬張鱷魚皮。鱷魚數量大幅下降，相關法律應運而生，以保護鱷魚不會受到獵人的攻擊。但奢華時尚市場並沒有因此退縮，反而開始從野外採集鱷魚蛋到養殖場孵化，等到牠們大約三歲時，腹部成長至合適的尺寸，就會進行屠宰。

SINGLE-USE FASHION

單次時尚

近年來，我們越來越警覺到塑膠袋、飲料罐和吸管等一次性使用產品，會嚴重破壞我們的地球。在許多令人震驚的照片中，我們看到大量日常的拋棄式用品被沖上海灘，變成環境中堆積的垃圾，它們達到單次的使命之後，就無法再重複使用了。其實，單次使用的概念也適用於我們所穿的衣服，有些衣服會被設計成只適合單一場合。

添加配件

以下是一些常見的單次服裝：

- 禮服
- 婚紗
- 浮誇的化裝舞會服
- 聖誕毛衣
- 活動T恤
- 鞋套
- 橡膠手套
- 足部SPA附贈拖鞋

你也可以輕鬆自製一套吸睛的服裝，不必傷荷包或破壞地球。

時尚出租

為特殊場合租用衣服並不是個新概念，現在越來越多人會從時尚選物館（fashion library）租用衣服，人們要支付租金，但不能買走這些衣物。租用也就表示，直到歸還期限，你可以使用這件衣服一段時間，接著再租借下一件衣服，而不必購買新品。

運用
家中資源

搭配髮型
與妝容

特製

華麗時尚

化裝舞會的衣服你不太可能再穿第二次。最好避免掉入這種單次時尚的陷阱，依照以下華麗時尚建議，讓你在不必花錢或傷害地球的前提下，打造出合適的化裝舞會服。

做點研究

根據你想裝扮的主題或角色，多收集些點子和圖片。

用現有衣物發揮創意

家裡有沒有什麼東西能為你的裝扮打底？翻翻你的衣櫃，看看能否以配件、髮型和化妝品來打點。如果你有舊床單或毯子，這些都是很棒的布材，可以打造成超級英雄的斗篷！擦亮你的雙眼，仔細搜尋屋裡的各種日常用品。魔鬼氈和安全別針都是臨時的固定工具，可以重塑你舊有的衣物，最後也能還原。

借借看

問問你認識的人有沒有你能借的東西。你可能會驚訝地發現，某個朋友正好有一頂假髮或帽子，能讓你的裝扮更加完整，這樣你就不必再去額外採購，畢竟你不太可能再次戴上它們。

尋找二手衣

想著你的扮裝服飾，到二手服飾店或慈善商店逛逛。別忘了，當你不需要再穿的時候，也可以把它捐給慈善機構……

回收是指重新利用某樣東西，而升級再造則是使它變得比以前更好！

PASSION FOR REFASHION
熱血改造

　　改造或升級再造（upcycle），都能讓舊衣物有機會變成令人興奮的新衣服，使那些本被視為廢棄物或垃圾的東西增加價值，產生令人驚訝的結果。

　　居家手作愛好者和一些新銳設計師都已經嘗試以改造的方式來重新運用廢棄衣料。如果衣服數量太多，升級再造就會比較困難，因為每件衣服的改造都會有所不同。這也就表示，和商店裡的量產服飾相比，手工改造的生產速度較慢，成本也更高。但是透過改造和升級，每件衣服都可能會是獨一無二的，如此一來，你就知道自己不會撞衫了，還能讓舊衣物免於被送入掩埋廠或焚化爐。

產量過剩

有些設計師會在作品中使用「零碼布」（end of roll），也就是回收的剩餘布料。這不算是狹義的升級再造，畢竟這些布料從未被使用過，但這種做法確實點出了時尚產業常見的過度生產問題。然而我們也可以說，這些設計師從大品牌取走零碼布之後，反而會讓大品牌得以繼續過量訂購布料。

以下提供一個超棒的牛仔改造法讓你著手：

無袖牛仔背心

1. 拿一件你的無袖上衣，倒過來平鋪在舊牛仔褲上，讓上衣底部與牛仔褲腰對齊。改造完成之後，牛仔褲的腰部會變成背心的底部。

2. 用拆線器或剪刀拆除褲子的拉鍊和縫線，這樣之後背心的正面才能完全敞開。

3. 用粉片沿著無袖上衣的輪廓畫出背心的形狀，並在四周都多留一公分的縫份。接著沿輪廓線剪下背心。

4. 將背心正面朝上擺放，並縫合背心的側邊和肩線。

DO STAINS

處理污漬

就算污漬清不掉，也不代表這件衣服就壽終正寢了。相反地，可以把它當成一個創意改造和實驗的機會！盡可能大膽發揮、盡情設計，試試看本節提供的汙漬處理技巧吧。

污漬若是擺著不處理，會讓人格外懊惱。而所有清理方法都是化學原理。喚醒你內心的化學家吧，你可以參考以下的指南，依照污漬類型搭配使用常見的廚房配料……

科學小知識：

如果是剛弄髒，先用紙巾吸乾或沖冷水（熱水會讓污漬滲入纖維），接著以正確的方法處理：

原子筆—— 以醋、肥皂或髮膠搓洗，或泡在牛奶裡。

血跡—— 以小蘇打、醋、玉米粉搓洗，或泡在鹽水中。

蠟燭蠟—— 刮掉，或隔著一張紙熨燙。

口香糖—— 先冰起來或用冰塊讓口香糖變硬，就可以刮除。

咖啡漬—— 用溫水浸泡，然後再清洗。

泥巴—— 先晾乾、刷掉，然後再清洗。

汗漬—— 用小蘇打、醋或檸檬汁搓洗。

油污—— 用洗潔精或洗髮精搓洗。

貼布縫

貼布縫（appliqué）是將一塊特定圖案或樣式的布料，縫製到另一塊布料上。你可以選一塊鮮明對比的布，使用紙型或以粉片在布料上任意畫出想要的形狀。接著將圖案剪下來放在衣服上，並以珠針或疏縫（請參考第52頁）暫時固定。或者，如果是熔點較高的布料，也可以使用雙面膠襯來暫時黏合。熨燙某些合成布料前，要先確認它的耐熱溫度，並多加小心。沿著圖案邊緣縫合，好讓它固定在布料上，並掩蓋污漬，毛邊縫或捲針縫都是防止布料邊緣脫線的好方法（請參考第53頁）。最後拆除珠針和疏縫線，就完成了！

若想要快速簡單地修復，可以用布料彩繪筆在污漬處塗顏色，盡量大膽、有創意一些。

還是洗不掉或遮不住嗎？翻到第84頁，認識絞染技巧。

拓印

無論你喜歡大膽的幾何圖形，或是精細複雜的圖樣，都可以把這些圖案拓印在衣服上來掩蓋汙漬，讓衣服重獲新生。你甚至不需要任何昂貴的工具，因為只需要一把刀和一顆馬鈴薯，就能雕出你設計的圖案，像雕刻木頭、橡膠、硬質泡棉或雕刻板（lino）一樣，只是切割時務必小心。在你選擇的材料上切割或雕刻出想要的圖案，接著塗上繪布顏料，並印在衣服上，要確保顏料適用於你手上的這種布料。你也可以重複拓印，讓圖案佈滿整件衣服，而不是只蓋住汙漬。

DO NATURAL DYES

天然手染

　　天然手染是一種非常棒的無毒方法，能用來修復舊衣服和掩蓋污漬。這種作法可以追溯到新石器時代，直到十九世紀晚期發明合成化學染料之前，世界各地的人們都在使用天然染料。如今，全球20%的工業水污染都是來自紡織品處理與染色。天然染料通常能染出令人驚艷的效果，因此務必嘗試一下，看看你能利用大自然慷慨的資源創造出什麼樣的色彩。

你需要的材料：

- 舊的耐熱鍋
- 布料*
- 天然染料原料
- 媒染劑或固色劑，如明礬液、鹽水（水與鹽分比例為16：1）或醋液（水與醋的比例為4：1）**
- 木匙或木棍

- 水
- 防護手套和口罩
- 刀
- 木匙

** 「1」可以是你需要的任何計量單位，例如，如果「1」是100毫升，而醋液的比例為4：1，則使用400毫升的水，加入100毫升的醋。

* 植物或蛋白質纖維最適合染色，也就是天然纖維含量超過50%的布料。在實際開始染製衣物之前，先在相同或類似的布料上測試，這樣就能大約知道顏色會多深。拿一本筆記本記錄你接下來所有成功和失敗的染色結果。

注意安全！

要佩戴防護面具和手套，並在通風良好的地方進行染製。加熱染浴時要小心，並盛裝在不會再拿來烹飪的舊平底鍋或其他鍋具中。

① 準備布料

衣服要先洗乾淨，就算是新衣服，也要先下水並晾乾，才會比較有彈性。先以媒染劑或固色劑浸泡衣服，以確保染料能固著在布料上，否則很容易褪色或被洗掉！

② 製作染浴

將染色原料切成小塊，放入鍋中並加水，原料與水的比例是1：2。加熱至冒泡，但不要煮沸，否則可能會稍微破壞原料。繼續以小火加熱一小時，或直到水的顏色變深。這時就是試染的好時機，煮至顏色滿意為止，即可撈除或過濾原料。

③ 開始染色

將衣服放入染浴中，繼續文以小火加熱30分鐘，直到對成色滿意時，用勺子將衣服撈起。冷卻後擰乾，最後晾乾即可。

染劑原料：

天然染料主要來自動物、昆蟲、植物或菇蕈類。以下是一些很容易取得的天然染料成份，家裡、堆肥箱、花園或周圍環境中都能找到。

洋蔥皮
黃色或紫色

薑黃根或薑黃粉
鮮黃色

染色茜草
亮紅色

紫甘藍
漸層藍色

木槿花
紅色或紫色

石榴
黃色或橘色

莓果和酪梨籽
粉紅色

洋甘菊和金盞花
漸層黃色

靛藍植物
亮藍色

DO SHIBORI

絞染

絞染（Shibori）是一種古老的日本染色工藝，染色前會將布料藉由折疊、紮綁、上夾等處理方式，讓某些區域不被染色，以創造出形狀和圖案。布料在浸入染浴之前，可能會先經過折疊、扭曲、打結、壓縮、夾住、捆起和縫合等方式處理。其他防染工藝則包含蠟染（Batik），以蠟片作為「防染物」來創造出圖案，而紮染（tie dye）則在一九六〇年代廣受嬉皮歡迎。絞染的美妙之處在於，最終成果是難以預料的，布料、織法、染料的類型，以及你處理布料的方式，將共同創造出獨特的圖案。

夾染

夾染（Itajame）是絞染的一種形式，使用板子或夾子等工具來防染。你可以使用不同形狀的木板及螺絲，來製作出自己的板夾，或可直接使用衣夾，接著將布料折疊成正方形、三角形或楔形，並夾上夾子。夾子的排列與布料的折疊方式，將共同形成防染效果，並創造出許多令人讚嘆的圖案。

你需要的材料：

- 矩形、圓形、三角形或正方形的板夾，或可使用衣夾或各式夾子。
- 防護手套和圍裙
- 預染浴
- 水

設計紋樣

折疊洗淨的衣服，並夾上夾子。

浸泡

將部份布料或整件衣服浸入染浴中。或採用吊染（dip dye）方式，讓衣服在染浴中來回浸入與拉起，打造出漸層的顏色。

氧化

讓氧氣進入布料，以幫助染料滲進纖維中。你可以攤開衣服來透氣，或者在乾淨的自來水下沖洗染色的衣服。

重複

重複染色和氧化步驟，直到呈現滿意的顏色為止。拆下夾子，並以冷水或溫水沖洗衣服。

試試以上的其中一種樣式，或嘗試做出你自己的圖案。

晾乾

清洗

將衣服放入洗衣機，以溫和的洗潔劑清洗，接著就能穿了。

以不同的方式折疊和夾住布料，將能打造出不同的圖案。

你已經將衣櫃精心整理了一番，留下仔細篩選的衣服、撈出一些好物，甚至還嘗試了新的穿搭法。你也可能心血來潮參與了衣物交換活動、將衣服放到網路上出售，並發掘了採購二手衣的魅力。一些本來不太適合你的衣服，經過了大肆改造或用心修補，最終還是遭到淘汰，你來到了必須採買的時刻。現在，你的永續時尚之旅即將踏上通往新衣世界之路……

全球每年製造大約一千億件新衣服。我們重視地球環境與動物權利，也關心製衣過程對人類生活的影響。在個人價值觀與五花八門的服裝之間，我們又該如何做出適當的選擇？哪些布料最優質？有機是否

比公平貿易更好？如何確保自己購買的衣服並非來自剝削勞工的製造過程？我們又是否應該去抵制某個破壞生態的品牌？

如果想知道該選購什麼樣的商品，又該如何以符合環境道德的方式消費，就必須要主動學習。只要你能意識到問題，並願意參與解決⋯⋯

> **你就能共同打造出以人與環境為本，
> 更好、更公平的時尚產業。**

本章節將探討現今時尚產業的主要問題，包含製造棉質T恤所涉及的人權問題，以及零浪費製程、環保材質與時尚革命等振奮人心的創新。掌握了這些資訊，你不僅能成為一位更用心的消費者，甚至可以考慮踏入時尚業，發揮一己之力來改變產業。

THE REAL COST

真正的成本

　　讓我們回到T恤的一生，看看它進入你的衣櫃之前，每一個階段背後的真實成本。

　　想像第12頁所列出的製作流程，每一個階段都是供應鏈上某位勞工所執行的工作。當然工作還有很多，但我們目前先看最基本的就好。思考看看每份工作可能涉及的內容，他們需要花多少時間，又需要哪些技能。

　　假設你花五英鎊購買一件T恤，想想製作T恤的人們要如何分配這筆錢，它沒辦法分給太多人，對吧？更不用說，販售T恤的商店需要支付店租和各種營業開銷，又希望能從每件T恤的銷售中取得合理的利潤。

　　但解決辦法可不是只有讓消費者付更多錢這麼簡單而已。高昂的售價無法保證衣服的製程更合乎倫理道德，也不能確保勞工的生計……因為，時尚品牌的首要目標是利潤。

對於環境倫理有意識的消費者來說，棉質T恤看似是一種合乎道德的選擇，但它相對較低的價格，也為參與生產的勞工及國家帶來問題。

棉花量產已行之有年，也一直都大有問題。十九世紀，全球的棉花貿易蓬勃發展，並重度仰賴美國對非洲勞工的壓榨。棉花大受喜愛，棉布因此成為世上第一種量產的布料，並出口到全球各地，卻對數百萬非洲人民的生活造成了極為不良的影響。

即使到了現代，奴役棉農的行為依舊存在。某些品牌承諾不會採購烏茲別克棉花，因為烏茲別克政府每年都強迫數十萬百姓在收成季節摘採棉花。然而，棉花的來源有時很難追溯，許多品牌很有可能會在不知情下使用了奴役勞工採收的棉花。

孟加拉的製衣工人平均月收入只有73英鎊。

時尚品牌執行長**午休時間**賺到的錢，大約等同製衣工人**一整年**的收入。

WHITE GOLD

白金之棉

　　世上高達50％的衣物都是棉質。棉花是一種用途極其廣泛的天然纖維，而不同的纖維編織方式會有不同的名稱，例如：斜紋布（twill）、府綢（poplin）、燈芯絨（cordurory）、平紋緯編布（jersey）、平紋薄布（muslin）、丹寧布（denim），這些都是不同質感的棉布，還有許許多多不同的種類。你也可能會驚訝地發現，棉屬植物其實非常需要水份，卻通常生長在印度等炎熱而缺水的國家……

　　讓我們再回頭看T恤。全球每年製造高達24億件新T恤，但是平均只有一件衣服製作時需要的棉花，能夠獲得兩千七百公升的充足水份，這一切得視棉的生長地點和種植方式而定。水對人類和所有生命來說都是不可或缺的，一般成年人每天需要喝大約兩公升的水，但地球上卻只有1％的水適合人類飲用。

> **"** 你能想像衣櫃裡的棉製衣物，
> 消耗了人類多少年的飲用水嗎？ **"**

　　印度是世界上最大的棉花出口國之一。該國人口共有12.4億，而種植這些外銷棉花所消耗的水資源，足以讓85％的人民在一整年中，每天都能使用高達一百公升的水。然而，印度其實有一億多人連安全的飲用水都無法取得。

印度栽種棉花的耗水量遠高於世界其他地區，因為他們沒有開發任何能夠減少耗水量的系統。他們的水污染率也很高，全國使用的農藥有50%都是用在棉花種植的過程中。

不過，目前全球三分之二的有機棉花都產自印度，而由於栽種過程不使用化學物質，有機棉的耗水量也較低。然而，它們僅占印度棉花產量的2%而已。

國際藥廠拜耳公司（Bayer）也生產化學農藥和肥料，目前更壟斷了印度95%的棉花種子市場。這使得當地農人難以取得有機的非基改棉花來種植，以降低耗水量和化學物質。

鹹海怎麼了？

鹹海（Aral Sea）是中亞第四大內陸湖泊，位於烏茲別克與哈薩克之間，總面積達六萬八千平方公里。一九五〇年代，蘇聯將流入鹹海的淡水河流改道，用來灌溉周圍的棉花田。正是因為這種非永續、工業規模的棉花種植模式，曾經繁榮的漁村如今成了一片鹹沙漠，而鹹海的面積更只剩下以往的10%。

PESKY PESTICIDES

棘手的農藥

　　廉價棉花的興起，造成了更加密集的工業化種植。偏偏害蟲和昆蟲都很喜歡棉花，大大危害了農人的收成。為了保護棉花，傳統的棉農也越來越依賴化肥和農藥，用以消滅所有可能損害作物的蟲子。此外，現在全世界三分之二的棉花種子都是基因改造的，反而需要更多化肥和農藥來維護。

　　這些化學物質正在破壞脆弱的生態系統，並危害棉農們的健康。棉花田裡全面噴灑的化學藥劑，沒辦法只針對單一種類的昆蟲或害蟲，而是會傷害所有的蟲子，就連益蟲也難逃一死。土壤中的化學物質還會流入水系統中，污染當地的供水資源。在棉田工作的人，以及鄰近居民全都會接觸到這些有毒的農藥，甚至可能造成嚴重的健康問題，比如癌症、神經系統疾病，甚至是死亡。

支持
有機農業

一起有機吧

我們在超市看到的有機食品，基本上都沒有使用有害的化學農藥或肥料。有機的觀念同樣可以應用在我們身上所穿的衣服。有機農業以傳統方法耕種，和大自然相輔相成，而不是與之抗衡。農人會輪流種植不同的作物，並在休耕時間讓土地休息，確保棉花收成之後，土壤能重新累積重要的養份。這樣的方法能消除耕種過程對化肥的依賴。

了解和分辨哪些昆蟲屬於害蟲、哪些不是，這也是有機栽種過程重要的環節。在棉花田附近種植腰果等植物，來引開害蟲，不去傷害棉花。農人還會使用印度苦楝樹（neem）等，萃取其中成分製造天然的驅蟲噴霧。

有機棉花還有許多其他益處，包含栽種過程使用較少的水、有機棉農的薪資也比較高，還能改善勞工與環境的健康。隨著一些服飾品牌開始回應消費者的需求，種植有機棉花也越來越普遍，但目前它們還是只占整體棉花產量的1%而已；通常一般棉農至少需要花上三年的時間，才能徹底轉換為有機栽種模式。我們購買新衣服時，可以多加留意官方有機認證，比如全球有機紡織認證標準（Global Organic Textile Standard, GOTS），以及有機含量標準（Organic Content Standard, OCS）。

THE MAGIC OF HEMP

麻料的魔力

　　麻類植物是第一種被紡織成可用纖維的植物之一，可以追溯至一萬多年前。它們也是最多功能的植物之一，可以在各種不同的氣候下生長，並製成紙張、繩子、紡織品、服裝、可生物降解塑料、油漆、絕緣材料、食品和動物飼料。但是大麻的魔力不止於此。這種植物生長迅速，與棉花相比耗水量極低，只需噴灑一點點化學農藥，甚至不必使用，它非常好種，而且還能清除土壤和空氣中的毒素。

　　儘管大麻用途廣泛，但經年累月下來，它已經過時了。過去亨利八世非常熱愛大麻，甚至通過一項法案，專門處罰拒絕栽種大麻的農民。它也曾是海軍船艦上常用的材料，被用以製作船帆和繩索。美國總統華盛頓（George Washington）和傑佛遜（Thomas Jefferson）都曾經自行栽種大麻，但目前在歐洲與美國，大麻受到許多限制，取得許可的流程十分嚴格，甚至被列為非法。

　　為什麼會這樣呢？有一種說法是，一九三〇年代時，美國報業巨擘赫斯特（William Randolph Hearst）利用他的權勢和影響力來抵制大麻。因為他投資了木漿及棉籽油，只要大麻被定為非法，便對他的生意極為有利。一九三七年，造紙、木材和化工企業紛紛遊說美國政府禁止種植大麻，禁令頒布的同時，合成纖維與尼龍也被發明出來了。

第一條Levi's牛仔褲就是麻料製的。

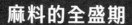

麻料的全盛期

二次世界大戰期間，菲律賓對美國的大麻供應遭到阻斷（譯註：日本於一九七四年侵入菲律賓），美國的政策於是也大轉彎，不但停止了大麻禁令，更鼓勵農民種植大麻，用來製成戰爭所需的制服及降落傘。

一九六〇年代，麻料衣物再度流行起來，因為這種植物的環境友善價值廣受嬉皮擁戴。後來，隨著人們不再追求穿起來會「發癢」的環保布料，轉而使用合成材質，麻料便不再流行了。現今，中國是大麻的最大生產國，其次則是法國，相關限制也已經逐漸放寬。美國已經通過一項新的法案，種植大麻已不再是非法行為。也許大麻又將迎來下一次全盛時期。

ARE JEANS ETHICAL

牛仔褲是否合乎環境道德?

　　根據估計,無論是哪一天,世界上都有50％的人身穿牛仔褲,它是每個人都喜歡的穿著選擇。如果這種衣櫃必備單品被設計得十分耐用,那麼它或許會是一種符合環境道德的服飾。但實際上,它並不像表面上看起來那樣具備永續倫理。

材料很重要

　　牛仔褲通常是由棉花製成,而我們已經知道,除非是有機栽種,否則棉花是一種會消耗大量水資源的植物,還需要使用大量的化肥及農藥。根據估計,製作一條牛仔褲的棉花,需要灌溉超過八千多公升的水,等同於泡澡一百次!

　　現在的牛仔褲通常有點彈性,這表示布料是棉與萊卡或彈性纖維等合成材料混紡而成。這種混合的纖維目前完全無法回收,對我們的環境勢必會造成負面影響。Levi's一直致力開發麻料加工技術來替代棉花,麻料是一種耐用的纖維,毋須悉心照料也能大量生長(請參考第94頁)。

耐磨

　　牛仔褲是美國工人和牛仔的標準穿搭，十分耐穿。一八七三年，李維‧史特勞斯（Levi Strauss）和裁縫師雅各布‧戴維斯（Jacob Davis）開發出金屬釘扣和穩固的縫線，確保牛仔褲的設計堅固耐用，可以在高強度的工作條件下穿著。

　　穿久的牛仔褲逐漸褪色和磨損，便會產生獨特的斑駁感。許多時尚品牌會刻意打造這種風格，使得牛仔褲在還未穿過時，就已經顯得十分破舊。要製作出這樣的外觀，酸洗、石洗和噴砂都是常用的技術。其中，噴砂是運用高壓將砂石噴出軟管，藉此磨損牛仔褲的表面。有些工人無法取得口罩和防護衣，便可能患上致命的矽肺病。而且這些破壞布料的過程，任何一個步驟都會縮短衣物的壽命。幸好，坊間還有許多其他方法讓衣服看起來帶有仿舊風，還能保持耐穿！

WONDERFUL WOOL

美妙的羊毛

　　羊毛的用途非常多，這點毋庸置疑。無論是採用針織或梭織，它都是很好的絕緣材質，還具有防潑水、抗紫外線的特性，並且它容易上色，更不用說還極為耐用。然而，即使羊毛有這麼多優異的品質，卻還是無法與合成纖維抗衡，在整個纖維消費市場中，只占了不到2%而已。

　　羊毛是一種天然、可生物降解的纖維，它的許多特性也十分具備環境倫理。它能自我淨化（譯註：羊毛的毛鱗受到摩擦時會推開污物）、抗菌、防汙和抗皺，也就是說，如果你不喜歡洗衣服，那就多穿羊毛材質吧！它與合成纖維不同，能夠抵禦異味，因此是更好的運動服飾布料選擇。尤其它也屬於透氣纖維，可以保持冬暖夏涼，這正是為什麼它很適合在各種氣候下穿著。

牧人每年都會為動物剃一次毛，也可能剃好幾次，視不同的氣候、飼養環境、動物的種類或品種而定，這些必須剃毛的動物包含了綿羊、山羊、駱馬和羊駝等等。據說剃毛是為了讓動物夏天時不會太熱，或在某些情況下招來蚊蟲和疾病。因此，羊毛或這些動物都算是可再生的副產品，畢竟動物會不斷長出毛髮，讓這個循環不斷延續下去。

二○一○年，羊毛運動（Campaign for Wool）於全球發起，倡議者希望能使人們更加認識羊毛的益處，這項運動與畜牧、製造業者及設計師合作，提升了各國對羊毛的需求量。

羊毛是否合乎環境道德？

有些動物權倡導者認為，這些羊屬於人工育種，專門用來生產大量羊毛，所以才必須被剃毛。野生羊隻的毛量適中，能發揮自我保護的功能，但美麗諾羊等飼養品種卻並非如此，牠們的毛會非常多，這樣人類才能剃下來使用。

長期以來，人類一直以這種方式選擇性培育植物和動物，但動物權倡導者認為，這種人類干預行為十分殘忍。但反對這些運動的人則認為，不為羊群剃毛才是更加殘忍，因為羊隻可能會熱死或動彈不得。

剃毛本身也是個問題。據報導，在一些大規模的養殖場中，剃毛工人不是依工時給薪，而是以剃了幾隻羊來計酬。這形同鼓勵他們更加快速又無情地剃毛，過程中對羊隻造成傷害。但我們不能以偏概全地指控所有牧場，因為每個國家和每座牧場的環境都有所不同。

割皮防蠅法

綿羊很容易感染致命的琉璃蠅疽病。割皮防蠅法（Mulesing）是一種具有爭議的外科手術，也就是將綿羊身體後半部的皮膚皺褶割除，用以防止琉璃蠅在摺痕中產卵。有些澳洲牧人相信這種手術是必須的，他們認為若不這樣做，綿羊就會長期生病，並痛苦地死去。但消費者和動物權倡導者發出抗

議，使某些品牌拒
絕採購實行過這種手術的
羊毛，紐西蘭更於二〇一八年立法禁止割
皮防蠅法。而人工繁殖皮膚皺摺較少的羊品種，也被視是一
種可能的解決方案。

　　與所有工業化的動物養殖一樣，破壞環境也是一大問題。畢竟眾所
周知，牲畜會排放甲烷這種溫室氣體到大氣中。而過度放牧又會導致沙
漠化、表土層流失，甚至破壞森林，這同樣是令人擔憂的問題。不過也
有些研究顯示，只要羊群管理得當，牠們其實可以提供土壤所需
的養分，並幫助吸收另一種溫室氣體，也就是二氧化碳。

　　目前，時尚品牌唯一能用來代替羊毛的材質就是合成
纖維，比如壓克力或聚酯纖維，但它們也有各自的問題。

　　　　這些不可再生的合成纖維會破壞地球，清洗過程中，還容
　　　　易有塑膠微粒脫落，威脅海洋生物，並破壞我們的水資源
　　　　生態。（請參考第108頁）

　　羊毛究竟該不該穿，這個問題既複雜又微妙。你所能做的就是盡量
了解資訊，為自己的價值觀和原則做出正確的選擇。

PLASTIC FANTASTIC?

塑料棒極了？

　　看看你衣櫃裡的衣服標籤。除非你特地購買天然纖維的布料，否則你可能會發現，你的衣櫃就是醋酸纖維、聚醯胺、彈性纖維、嫘縈、尼龍和聚酯纖維的大熔爐。你可能還會驚訝地看到，有些衣服甚至混合了天然纖維與合成纖維。

　　合成纖維共有兩種製作方式，一種是使用化學方法，將纖維素從木漿等天然可再生資源中取出，另一種是自煉油廠的副產品中提取出來。十九世紀，人們運用化學手法以纖維素製作出第一批人造絲之後，這種材質就一直被沿用至今。

　　一九四〇年代以來，布料的製程一直都必須運用汽車與飛機用化石燃料所提煉的合成油。尤其以尼龍、聚酯纖維和聚氯乙烯最為需要。

合成的六〇年代

　　一九六〇年代，設計師追求新技術、新材料與未來感，「塑膠時尚」因而蓬勃發展。英國時裝設計師瑪莉・官（Mary Quant）是首度嘗試將PVC運用在雨衣上，法國的皮爾・卡登（Pierre Cardin）則開創了六〇年代極具代表性的太空時代（Space Age）風格。

黏液纖維是否符合環境道德？

黏液纖維（Viscose）是最早的人造纖維，發明時間可以追溯至一八八三年，當時是絲綢的替代品。黏液纖維是嫘縈（rayon）的一種，由木漿製作而成，經過許多化學及加工過程，最後才製成布料。

黏液纖維是以植物製成，它經常被認為屬於環境友善及永續的材質。但真是如此嗎？

為了製造出耐用的黏液纖維，勢必得經過化學加工。工廠會以氨、丙酮、氫氧化鈉和硫酸等化學物質來處理回收的木漿。因此，雖然這種布料來自天然永續的原料，卻是由化學物質製作而成的。

黏液纖維越來越常使用萊賽爾（Lyocell）技術來製造。這種製作方法所生成的廢料較少，因此更加環保。

現今，全球有一半以上的纖維都是合成的，且每年製造三千五百萬噸的合成材料。聚酯工廠可能會表示，這種布料耐用又快乾，而且生產成本低。然而，就算已經在衣櫃裡擺了很久，它還是需要很長時間才能完成降解（請參考第34頁）。我們還知道，每當清洗聚酯纖維等布料時，它們都會釋放塑膠微粒（請參考第108頁），並流入地球的水資源中。

物質世界

即便所有衣物的原料都來自大自然，但提取、合成加工和製造這些布料的方式，都會對人類和我們的地球造成破壞。然而，當討論到天然與合成布料究竟哪一種更合乎環境道德，也沒有辦法那麼黑白分明。你可以先確認衣服標籤、進行一番研究，並運用本書第106頁的資訊來解析你手中的布料，藉此判斷每一種布料的利與弊。

選擇衣服時，
要考量以下
四個關鍵因素：

是否耐用？

這件衣服是否耐洗、耐穿？若要判斷布料品質，最好的方法就是親手觸摸。如果摸起來十分光滑、厚實，就表示纖維含量較多，可能可以使用得更久。如果摸起來又薄又粗糙，那麼就不耐用。不過，就算布料很耐用，如果衣服的做工不良，還是很容易穿壞。

最佳選擇：皮革、聚酯纖維、韌皮纖維、金屬、天然聚合物

② 使用了多少水資源？

所有布料的製造過程都要用到水，值得注意的是，有一些布料用到的水較少。要記得，光是一件最簡單的白色棉質T恤，最多就能用掉高達兩千七百公升的水，而生產一公斤棉布則大約需要一萬公升。

最佳選擇：韌皮纖維

3

是否可再生及永續？

製造布料所需的水、土地及能源等資源無窮無盡，因此你必須確認這些布料是否屬於可再生材質。破壞森林就是一大問題，因此可以多加注意永續及環境責任認證，例如來自森林管理委員會（Forest Stewardship Council, FSC）等等。也務必要仔細尋找以可再生材料製成的衣服。二氧化碳會造成全球氣候變遷，而其中有8％就是來自時尚產業。在全球農藥的使用量中，則有18％是來自種植棉花。因此，要確保你選擇的布料盡可能具備永續特質。

最佳選擇：動物的毛髮（不是皮膚！）、韌皮纖維、葉子、種子毛纖維、果實、天然聚合物（嫘縈、萊賽爾纖維、竹纖維、醋酸纖維、莫代爾纖維）

4

是否可進行生物降解？

布料的使用壽命結束後，會何去何從呢？它們能夠進行生物降解嗎？要記得，某些扣合件和裝飾無法分解，比如金屬拉鍊、塑膠紐扣，以及用於將衣服縫合起來的聚酯線材。

最佳選擇：橡膠（天然而非合成）、韌皮纖維、種子毛纖維、葉子、果實、蛋白纖維

全球氣候變遷8％以上的成因來自時裝產業，比所有國際航班和海運加起來還要更多。

THE FIBRE FAMILY TREE

纖維族譜

看完這份一目了然的圖表，
你就會知道身上的布料源自何處……

棉花

羊毛

駱駝毛

木棉

羊駝毛

駱馬

苧麻

毛海

喀什米爾
羊毛

亞麻

蕁麻

黃麻

安哥拉
羊毛

蠶絲

大麻

毛髮

皮膚

動物

韌皮纖維

種子毛纖維

長纖

皮草

皮革

天然
（蛋白質）

天然
（纖維素）

天然聚合物：由長分子串在一起組成的
天然纖維，也會經由再生或人造而成。

蛋白質：取自於動物的纖維。

纖維素：植物纖維。

天然纖維：自然界中本就存在的纖
維。

長纖：連續的長纖維。蠶絲是唯一的
天然纖維。

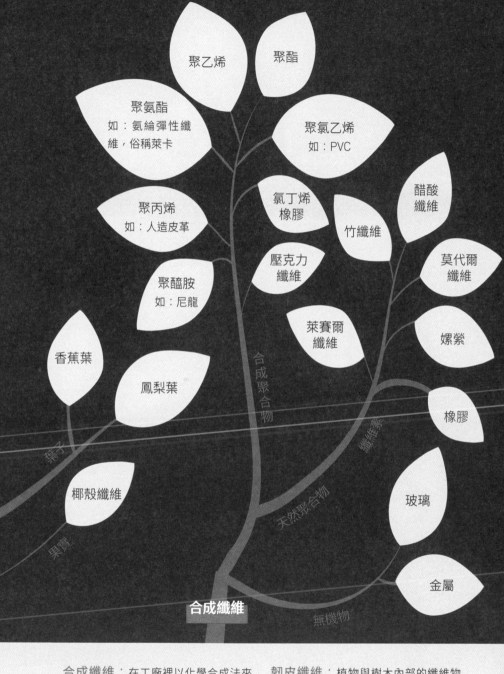

聚乙烯

聚酯

聚氨酯
如：氨綸彈性纖
維，俗稱萊卡

聚氯乙烯
如：PVC

聚丙烯
如：人造皮革

氯丁烯
橡膠

竹纖維

醋酸
纖維

莫代爾
纖維

壓克力
纖維

聚醯胺
如：尼龍

萊賽爾
纖維

嫘縈

香蕉葉

鳳梨葉

合成聚合物

纖維素

橡膠

椰殼纖維

葉子

天然聚合物

玻璃

果實

金屬

合成纖維

無機物

合成纖維：在工廠裡以化學合成法來
製做的人造纖維。

無機物：以岩石、礦物和金屬等非動
植物製成的人造材質。

韌皮纖維：植物與樹木內部的纖維物
質，夾在外層和中心體之間。

合成聚合物：石油副產品製造的纖維。

微細纖維狂潮

我們現在所穿的衣服，大約有三分之二都含有聚酯纖維等合成材料。為什麼這會是個問題呢？答案是塑膠！根據估計，在所有海洋塑膠污染中，有其中三分之一都是來自時尚產業，而合成材料正是這場環境災難的核心。環保組織綠色和平（Greenpeace）指出，一件合成衣物每用機器清洗一次，就會脫落大約70萬根微細纖維，更何況是清洗無數次。

合成纖維容易沾染氣味，因此以這種纖維製成的衣服勢必要更常清洗。塑膠微細纖維的長度不到五公釐，比人類的頭髮還要細。它們會穿過洗衣機的濾網，流入我們的水資源系統，最終流入海洋，對海洋生物構成威脅。就連市售的海產中，都會驗出塑膠微細纖維。

我們很需要時尚品牌、洗衣機製造商和水利公司的專業人員，想出方法來解決這個問題，但他們可能還需要一些時間。而我們自身現在又能採取什麼行動呢？答案很簡單，就是不要太常洗衣服。

少洗衣服聽起來可能很噁心，但這真的是減輕我們對環境帶來破壞

的好方法；無論是消耗的能源，或是釋放到海洋中的微細纖維數量，全都能因此而減少。

假如我們每兩天就清洗和烘乾衣物一次，一年內就會製造將近四百四十公斤的二氧化碳排放量，其中，最主要是來自烘乾過程。因此，你也可以試著讓衣服自然晾乾，曬在室外是最好的。

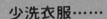

少洗衣服……

、將穿過的衣服掛起來透氣，這樣就可以再穿一次。
、如果你有養寵物，可以用衣刷或將膠帶纏在手上來去除寵物的毛髮。
、局部清洗，不用洗整件衣服。

聰明洗衣……

、以30℃*水溫來洗衣服，並且快速清洗，藉此減少能源消耗和二氧化碳排放。
、確保裝滿洗衣機再洗。
、將衣服晾在室外。

* 低溫洗滌是否會釋放出更多的微細纖維，科學界目前尚有爭論。

清理污漬！
請參考第80頁

PART

6

Future Fashion

未來的
時尚

購買前
先想一想

買得更少，
買得更好！

　　時尚對環境造成的影響不容忽視。如果我們要守護人類共同的家，就亟需改變製造、消費和處置衣物的方式。我們都知道，大多數的衣服原料來自動物、植物或化石燃料，但我們不能一直去消耗那些還未開發的天然資源，也不該讓有毒的化學物質流入我們的土地和水源中，當然更不能繼續焚燒或掩埋舊衣物。問題是，衣服實在太多了，而我們本可以更加有效地運用它們才對。我們也不該繼續剝削勞工，他們生活於窮困之中，並接受高工時和低薪資來製造我們的衣服。

　　隨著這樣的環保與社會意識逐漸增強，人們開始渴望改變。保護地球的未來人人有責，而時尚產業需要開響第一槍。首先，時尚產業必須公開透明，這樣業內人士才能看見、並理解需要解決的問題。時尚產業也必須誠實，我們才能確定大家是真的擁有相同的價值觀與哲學。而身

用久一點！

質量重於數量！

快時尚必有代價

參與時尚革命！

為良知消費者，我們則要相信自己的決定都是建立在清晰和自由獲取的資訊之上。

時尚產業也應該為生成的廢料負責，應該要減少產量，並確保產品可以有效回收。這個產業確實需要引領創新潮流與技術，但不該讓我們購買更多不需要的產品。我們希望看到服裝製造過程減少消耗珍貴的水資源、降低有害的化學物質，更要零浪費，雖然已有一些回收的作法很好，但卻不夠好。

時尚產業在世界各地雇用了這麼多人，經營管理者應該要更尊重勞工，提供他們安全的工作環境和合理的薪資。

我們希望時尚產業更加道德與永續，而我們也必須共同創造這一切。身為一個良知消費者和積極的公民，我們可以向品牌施壓並小心消費，但這可不是花錢就能簡單解決的問題。永續發展是要想辦法保持生態平衡，這樣才能避免耗盡自然資源，確保後代子孫也能享有我們目前擁有和使用的一切。

> **但最大的問題是……**
> **時尚可以永續嗎？**

ALTERNATIVE FABRICS

替代布料

時尚產業越來越依賴聚酯纖維和尼龍等化石燃料素材，而我們都知道，這些材料會傷害環境。然而，選擇替代材料時，並不是只要以天然布料來取代合成布料就可以了，還得考慮到砍伐森林、水資源短缺、有毒化學物質和動物福利等問題。顯然，人們需要全新、不同的替代材質。

為了環境永續，替代布料正在不斷創新，但這需要時尚品牌的合作和妥協，共享研究成果和資訊。如果大家能一起努力實現這個共同目標，也許時尚產業能不再導致地球喪失生物多樣性，並可以降低污染、減少在資源有限的地球上繼續開採不可再生原料，更停止造成不必要的浪費。

有些實驗室受到大自然的啟發，正在開發新的材料。在這令人興奮的時代，不斷有新的布料出現，說不定幾年之後，我們可能會穿上用廚餘製成的衣服呢。

實驗室培育的蠶絲

傳統的絲綢來自蠶繭。生產一公尺的絲綢大約需要一千五百隻蠶。但經過生物技術學家研究蜘蛛用以織網的絲蛋白，現在已經能夠以酵母、糖和DNA的發酵混合物，複製出這種奢華的材質。

一件衣服裡有多達八千種化學物質！

鳳梨葉纖維

Piñatex是一種以鳳梨葉纖維做成的材質，而鳳梨葉纖維則屬於鳳梨果實收成的副產品。這些廢材通常會在地下腐爛，但現在，它們可以轉化為可生物降解的材質，具有類似帆布或皮革的質感，而且不必經過充滿化學物質的制革廠。

橘子皮

現在，使用化學技術也可以從剝下的橘子皮中提取出纖維素，製造出具有絲綢質感的布料。

香蕉莖

香蕉莖是食品工業的天然副產品，每年大約有10億噸香蕉莖被浪費掉。香蕉莖製成的布料，與竹纖維及麻料相似，質地十分柔軟。

菌絲體

蘑菇的菌絲體已經被嘗試製成新布料，這種布料的製程幾乎不需要用到水資源，並且可生物降解，更是無毒的。

CIRCULAR FASHION

循環時尚

　　許多致力改善時尚產業的人們都在討論循環時尚。所謂的「循環時尚」，就是指將我們衣服的材料回收，並製成新的衣服。這將能解決許多問題，表示我們的衣服不需要新的原料，更意味著沒有任何浪費。那麼，為什麼我們還不趕快實行呢？

　　現今循環製造的技術還不夠成熟。業者曾經試圖將聚酯纖維製造成100％可循環利用，好讓布料可以從服裝回復到原材料狀態，再製成一件能無限循環的新衣服。但是，許多布料都是混合纖維，也就是說，如果聚酯纖維與棉混合，就很難將兩者分離出來。而天然纖維並不適用於這種封閉循環的做法，因為它們很容易損壞，意即回收的天然纖維還會需要與新的原始材料混合，才能做出堅固耐用的新衣服。

　　若要達到循環時尚，時裝設計師也必須在設計服裝時就先考慮這一點，這或許會讓他們在選擇布料時就先多加衡量，避開混合纖維。他們還要思考其他設計元素，包含扣合件、標籤甚至是線材，畢竟許多線材都是聚酯纖維，而這些細節可能會使循環變得很困難。目前，我們只有1％的衣服被回收製成新衣，所以還有很長遠的路要走，但從長期看來，這種做法也許能會產生巨大的影響。

產業專家已經為設計師、製造商和消費者，立定了16條關鍵原則，用以支持和推廣循環時尚。

循環時尚的16條關鍵原則

1 有目的地進行設計

2 設計使用壽命較長的產品

3 設計過程有效運用資源

4 設計可進行生物降解的產品

5 設計可回收的產品

6 在地取材、在地生產

7 採用無毒材料與製程

8 有效率地取材與製造

9 採用可再生材料與製程

10 以符合環境道德的方式來取材與製作

11 提供延長使用壽命的後續服務

12 重複利用、回收或堆肥

13 與各界廣泛良好地合作

14 小心使用、清洗和修理

15 考慮租用、借貸、交換、購買二手衣或重製，而非購買新品

16 注重購買的品質而非數量

時尚設計師的觀點

專訪 - - - - - **ELVIS & KRESSE**

Elvis & Kresse是一個設計團隊，專門拯救原本會被掩埋的廢棄物，將它們轉化為創新的奢侈品，像是包包、皮夾和皮帶，並將他們50％的利潤捐贈給慈善機構。

Q：請聊聊Elvis & Kresse的起源。

我們的起點就是廢棄物。克雷塞（Kresse）二〇〇四年來到英國，那年，光是在英國就有一億噸的廢棄物遭到掩埋。參觀了許多垃圾掩埋場、廢物轉運站和回收單位之後，我們偶然來到倫敦消防局，一眼就看中他們損壞、退役的消防水龍帶。我們創業就是為了拯救它們。

Q：用來製作消防水龍帶的材料本身有什麼問題嗎？

消防水龍帶被設計得十分耐熱、防水和堅韌，因此它們無法拆開或分解。等到損壞得無法再修理時，就也不能再當成消防水龍帶來使用了。但這不表示它們就只能被送進垃圾掩埋場受難，它們仍然具有不可思議的特質，值得好好珍惜。

Q：你們的動力是什麼？

我們的主要動力是人們正面臨的環境挑戰。有好多事要努力！

116

Q：你們最大的成就是什麼？

我們剛開始嘗試解決消防水龍帶的問題時還毫無頭緒，但五年之內，我們已經設立了一間可以拯救和改造所有水龍帶的公司。能實現這樣的里程碑真的很棒，這讓我們能去解決更大的問題。

Q：經營一個成功品牌，每天都要做哪些事？

每天的工作內容都不一樣。我可能去工作坊、跑客戶，或前往垃圾掩埋場。我們也會和記者交談、製作短片、設計新產品，或研究我們想要拯救的廢棄物。唯一相同的，是不斷努力平衡事情的輕重緩急，並確保我們會持續解決資源浪費的問題。

Q：你們對社會和環境造成哪些影響？

二〇〇五年以來，我們已經阻止了倫敦所有的消防水龍帶被送進垃圾掩埋場，而我們所救援的15種不同材料，也已經減少了近兩百噸即將遭到掩埋的廢棄物，這些材料因此能夠繼續使用下去。我們捐贈了10多萬英鎊給我們的慈善夥伴。

Q：Elois & Kresse未來有什麼規劃？

我們正在處理目前最大的廢棄物挑戰，那就是每年有80萬噸皮革邊遭到掩埋或焚毀，而我們也已經想出了一個解決方案來拯救和再利用這些材料。這次救援行動中，50％的利潤會捐贈給赤腳大學（Barefoot College），這是一個致力在世界各地的偏鄉打造太陽能工程的組織。二〇一九年，我們還與赤腳大學一起為女性太陽能工程師設立三項獎學金。

DO ZERO WASTE

零浪費

服裝設計中的「零浪費」，是指以減少布料浪費的原則來設計服裝。時尚垃圾分為兩類，分別是消費前，和消費後。後者指的是身為消費者的我們所製造的浪費，我們沒有好好重複利用或回收這些衣服，甚至是把它們丟進垃圾桶。還沒讀過這本書的人，真的會這樣做！

至於另一類，也就是消費前的浪費，是指消費者採購之前，製造衣服所產生的浪費。製造過程的許多環節都會產生浪費，可能是訂錯布料的種類，或者訂了太多。品牌確實有可能會訂到不吻合期望顏色的布匹，也許他們想要的是一種如同夏日晴空的明亮藍色，收到的卻是海軍藍布匹，不適合做成他們的服裝系列。而品牌或設計師也可能會突然徹底改變主意，決定用橘色來取代紫色，而所有紫色的半成品就必須銷毀或丟棄。

零浪費設計早已存在！想想日本和服或印度的紗麗服，這兩種服飾都是以整片的矩形布料製成的，沒有一絲浪費。

消費前的浪費也可能來自製造過程中的失誤。有時候同一批中的幾千個產品都有相同的問題，也許是好幾千條牛仔褲都被縫上了不適合的拉鍊，或是疏於品質控管的襯衫接縫全部裂開了。那真是很大的浪費！

二〇一八年，高端時尚品牌Burberry承認他們燒掉了價值三千萬英鎊的衣服、配件和香水，而沒有打折出售。他們說自己有重新利用焚燒產生的熱能，而焚燒產品則是為了保護品牌的地位與價值。這個事件使得環保人士大聲疾呼時尚產業的廢棄物應該受到更多控管。

二〇一七年的哥本哈根時尚高峰會（Copenhagen Fashion Summit），非營利組織全球時尚議程（Global Fashion Agenda）呼籲時尚產業簽署《二〇二〇年循環時尚系統承諾》（2020 Circular Fashion System Commitment），對浪費採取行動。這份承諾共有四項優先事項，包含多加使用回收材料等等。二〇一九年，法國政府提議禁止銷毀未售出的產品，而這項禁令有可能會在二〇二三年前成為他們的法律。據政府估算，法國每年有價值超過6.25億英鎊的產品遭到丟棄或銷毀。

> **66**
> **據估計，15%的布料**
> **最終會被當成垃圾扔在工廠地板上，**
> **接著被掃進垃圾桶並丟掉。**
> **99**

衣服是由許多不同形狀的布料拼接而成，包含三角形、長方形、正方形、圓形，各種不同大小和角度的彎曲形狀。想像這些形狀全都畫在一塊長方形的布料上，就像一組七巧板，包含了許多看似隨機且無法匹配的形狀，打版師會找出最節省用布的布片剪裁排列方式（nesting）。由於形狀從布料裁切下來的方式不同，總會剩下一些碎布；這些碎布加起來，就是更多的消費前垃圾。

　　零浪費設計師徹底改造傳統打版方式，使布料能夠物盡其用，也更具成本效益。服裝原型（block pattern）是指所有服裝的基本製作結構，設計師調整標準的傳統原型，使它們像七巧板一樣，在整片布料上完美拼合，沒有任何剩餘的空間和多出來的形狀。如同傳統打版，零浪費的打版方式也需要數學及幾何觀念，才能調整版型，讓它不僅適合人體，也能剛好拼在一片布料上。以上是零浪費打版的基本概念，你可以先思考看看，並用紙張加以嘗試。

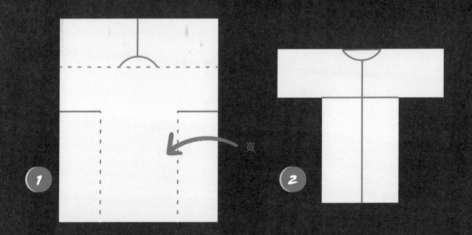

依照現有T恤的尺寸，來畫出新T恤的寬度。

1）將圖1中的實線裁切開來。

2）沿著虛線，將布料從兩側等份往內折。將折疊的銜接處縫合在一起，形成T恤的身體部份。

3）一樣沿著虛線，將布料從上側往下折，形成袖子和T恤的上半部。沿著布料的邊緣縫合袖子，也將T恤的上半部與身體部份連接起來（接縫處如圖2所示）。

4）將半圓形的領口縫份折入T恤內部，並加以縫合，就完成了

1）將實線全部裁開，布料分成四塊梯形。梯形的上底寬度就是你的腰圍除以四。

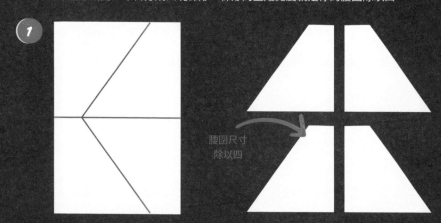

腰圍尺寸
除以四

2）將梯形兩兩組合，並沿著中線縫合，分別完成裙子的前片和後片。

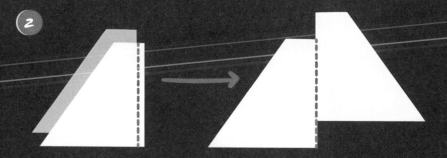

3）沿著長邊，將裙子的前片和後片縫合在一起。你可以在腰部加上鬆緊帶，將布料往內折做出腰頭，或者也能在後中線或側邊加上拉鍊。底部則可以收邊，或讓布邊維持原狀。

CAN TECHNOLOGY SAVE US

科技可以拯救我們嗎？

　　設計師的重要任務之一就是想出解決方案。比如說，手機沒電了嗎？要是你走路時，衣服就能幫手機充電該有多好？城市空氣污染指數越來越高怎麼辦？衣服有沒有可能帶有空氣清淨機的功能呢？孩子長得太快，衣服何不也一起長大？這些都是時尚可以發揮正面影響的方式。

　　目前的穿戴科技雖然還不成熟，卻有潛力幫助身障朋友們，讓他們完成原本辦不到的任務。而對於有健康困擾的人來說，穿戴科技甚至有助於診斷或警告潛在風險。但科技與時尚結合也可能會帶來問題。假如這些與布料合為一體的科技功能故障了，有辦法修復嗎？又是否會更難以回收？

智慧時尚

蘋果（Apple）智慧型手錶於二〇一五年推出，很快就成為最暢銷的穿戴科技。最近，Levi's和Google也合作開發了一款牛仔夾克，可以透過藍牙功能連上智慧型手機，讓你可以控制音樂的音量或導航。美國運動品牌Under Armour則開發出各式運動服和寢具，可以吸收身體熱能，並將熱能反射回皮膚，形成紅外線，有助於肌肉恢復與放鬆。

某些公司也正在試圖研發一套複雜的追蹤系統，運用科技來追溯每件衣服從纖維到成品的誕生過程。這樣的系統可以幫助時尚品牌拼湊出自家產品的製造途徑，如此一來，他們就能清楚掌握製造衣物的廠商，並更有效地監管他們的供應鏈。

網購商品到貨後，如果穿起來不適合，實在是件麻煩事。3D人體掃描機可以讓我們在下單之前，就先在虛擬更衣室中試穿衣服，進而減少買錯衣服的失望感。還有些人相信，未來我們都可能會擁有一台3D印表機，可以將衣服下載好，並在家裡進行3D列印，藉此實現衣物零浪費的終極目標。

GREENWASHING

洗綠

　　為什麼許多時尚品牌都不清楚自家的衣服在哪裡製造？因為服裝製造的供應鏈網龐大又複雜，通常橫跨世界各地。工廠接到訂單後，會再外包給其他工廠或家庭代工，使得時尚品牌更難以輕鬆追蹤到自家產品的來處。這些過程需要密切的監管。

　　每家公司都需要對其他廠商負責，確保彼此都有依照標準行事，而沒有隨意修改規則。這些責任標準也需要外部的其他人共同參與，比如政府立法、競選團體、非政府組織、工會、勞工和身為公民的我們。

小心浮誇的聲明……

　　我們很常遭到環保永續觀念的疲勞轟炸，還得去認識不同的標籤、詳讀各個品牌的年度企業社會責任報告，或者接收某家公司接二連三的行銷廣告，這些都非常令人困惑。有些店內的商品可能貼著有機標籤，但如果沒有正確的認證，可能是商品中只有某一小部份有機而已。有些品牌也許會採用回收的紙袋，或大量使用「生態」、「永續資源」或「環保意識」等詞語，使他們看起來像是在為地球盡一份心力。

　　「洗綠」（greenwashing）這個詞，就是用來描述那些提倡環保與道德，卻名不符實的公司。他們使用行話或空話。他們可能會闡述公司的價值觀和理念，並說自己有多麼關心地球，甚至可能對未來做出承諾，保證他們會做出重大的改進，卻沒有說明他們如何將這一切付諸實踐。對於沒受過訓練的人來說，這些說詞似乎令人印象深刻，但察覺洗綠行為，就是你邁向真相的第一步。

HOW TO SPOT A GREENWASHER

如何察覺洗綠行為

以下是一些需要多注意的危險綠色訊號。正確發問，才能取得到你需要的答案……

「我們節能」

很簡單，一間公司只要每天關上店內的燈，就能宣稱自己節能。有些國家甚至會以法律規範公司行號使用節能照明。但製造衣服需要大量的能源，關燈就足夠了嗎？

「我們的商標是綠色的」

綠色商標可能是種刻意誤導。務必去瞭解這間公司用哪些方法來降低對地球的傷害。

「我們正在減少碳排放量」

如果只是在辦公室裡種滿植物，或者安裝幾片太陽能板，這是不夠的。製衣過程的碳排放量，占了整個時尚產業總量的70％，因此，這也是最需要深入調查的範疇。

「我們有衣物回收方案」

要小心品牌的獎勵機制。他們會請你將衣服帶至店內回收，並提供你優惠券。這反而造成了更多的消費，使得回收所帶來的益處付諸東流。要記得，目前僅有不到1％的回收衣物被製成了新衣。

「我們所有產品都具備永續特性」

查看他們是指某一個「特定」系列，還是這間公司的所有產品。

「我們回收外包裝」

同樣地，這可能也是一種手法，將你的注意力從製造過程轉移至其他環節。產品製造過程對地球造成的傷害，絕對遠超過銷售時的外包裝。

「我們的目標是在
二○二五年前，
減少一半的碳排放量」

他們可能將起算日設定在過去，那時公司的產量比現在少很多。他們也可以直接用百分比來標示碳排放量，用總產量來當分母，並提高產量！但當截止日來臨，又有誰會真的去追究他們的責任呢？

「我們將一定比例的利潤
捐給慈善機構」

將每次銷售一定比例的利潤捐給慈善機構，這看似是種令人欽佩的行為。但前提是，我們必須先購買商品。他們有可能在不製造產品的情況下，也捐款給慈善機構嗎？品牌又能否保證沒有剝削任何參與製造的勞工，或沒有破壞環境？

「我們正朝
零浪費邁進」

假如有間公司開始在辦公室回收紙張，他們就能如此宣稱。因此要深入研究，查出他們的做法是什麼。

選購帶有公平交易標誌的產品。
貼有這個標誌時，表示這間公司至少在某些供應鏈中，
是以公平的方式來對待勞工。

選購遵守科學基礎減碳目標
（Science Based Targets）官方標準的產品，
表示業者以此方法來降低他們對環境的傷害，
那是一份正式的倡議。

RANA PLAZA

熱那大廈倒塌事故

　　二〇一三年四月二十四日，孟加拉首都達卡發生了史上最嚴重的工業災難之一，揭露出快時尚嚴峻而不為人知的的世界。八層樓的熱那大廈（Rana Plaza）原本已經事先疏散人群，因為事發前一天，水泥地、牆壁和天花板都出現了許多裂縫。這棟龐雜的綜合大樓裡擠滿許多不同產業的工人，但隔天，只有紡織業的員工被老闆告知必須回到大樓裡上班……

　　製衣工人當時都不是工會成員，否則工會就會強烈要求這棟大樓必須是安全建築，他們才能在裡面上班。而且，面對扣除一個月薪水的威脅，大部份的工廠作業員都承擔不起。在別無選擇之下，他們只好回到危樓裡，接著大樓倒塌，造成一千一百三十八名工人死亡，兩千五百人受傷。

　　廢墟中，屍體就躺在那些西方知名零售商的成衣與標籤旁。許多品牌無法面對社會大眾，因為自家衣服竟是在一個如此無視勞工福祉的地方製造。連鎖服飾品牌Primark倒是很快就做出反應，捐款給那些不幸失去親人的家庭。這使得Primark雖然與熱那大廈倒塌事故有關，幾個月後，據報他們的利潤卻反而增加了。

　　面對這樣的悲劇，有些人會說，我們別無選擇，只能抵制助長此類問題的品牌。但也有像「無汙點成衣運動」（Clean Clothes Campaign）這類的道德時尚團體，他們不忍心抵制品牌，認為這將會讓製衣工人等處於供應鏈底層的勞工受苦，還可能導致他們失業。

紐約三角內衣工廠火災

一九一一年，紐約三角內衣工廠的一場火災，導致一百四十六位工人死亡。此外，二〇一二年孟加拉的塔茲雷恩工廠（Tazreen factory）大火，則造成至少一百一十七人喪生。令人難過的是，這在孟加拉並不罕見，還有許多起工廠火災並沒有受到報導。

為什麼工廠作業員持續被迫在違反健康及安全法規的條件下工作？誰該為這種剝削負責？是工廠老闆讓員工身處危險環境中，以低薪條件長時間工作嗎？地方政府是不是也有責任，應該要透過立法來確保公民享有合理的勞工權益，並且不必面對受傷或死亡的風險？時尚品牌又是否曾經對工廠提出要求，既要保持利潤，又想用更快、更便宜的方式製造產品？

又或者，我們是否不斷購買和拋棄衣服，卻對他人的生命漠不關心？顯然，大家都該負起責任，而唯有團結，我們才能一起要求改變。

LET'S START A REVOLUTION!

一起推動革命！

　　熱那大廈倒塌事故的發生，促使英國設計師卡麗·桑默絲（Carry Somers）下定決心，要使時尚產業變得更加公開透明，這樣才能讓品牌和零售商承擔責任。她與聯合創辦人奧索拉·德卡斯特羅（Orsola de Castro）共同發起了名為「時尚革命」（Fashion Revolution）的全球運動，激勵人們去追求更加公平的時尚產業。

　　時尚革命奮戰的目標，是要釐清衣服究竟是誰製造的，從布料製造商，到縫製衣物的勞工，全部都包含在內。他們呼籲公司公開這些資訊，讓人們看到需要改進的地方，並找出最嚴重違反倫理道德的廠商。這能幫助消費者做出更好的購買決定，並積極關注製造服裝的供應鏈。如果品牌問心無愧，應該會對公開這些資訊沒有疑慮才是，但為什麼有些公司還是拒絕披露呢？

　　時尚革命鼓勵世界各地的公民向他們最愛的品牌提問：「我的衣服是誰做的？」我們可以利用社群媒體的力量，或是走上街頭、寫信給公司，讓他們知道我們十分關心及支持那些領低薪製作衣服的人。只要施加足夠的壓力，我們就有機會看到時尚產業變得更加道德及永續，像熱那大廈那樣的悲劇也將能畫上句點。

為了維持低製造成本及高利潤，有些公司會轉移工廠及製造地，取得絕對低價的勞動力。

工會為何至關重要？

　　工會是一種會員制的組織，你可以加入自己所在的產業或行業工會。成為工會的一員之後，如果你在工作中遇到問題，就可以獲得工會的建議、支持和幫助，來解決相關困難。如果仍然無法處理，或者如果這個問題還影響到其他人，工會則可能會建議舉行罷工，藉此向老闆發出明確的警訊，讓他們知道這樣的不當對待是不可容忍的。多年來，在各國工會的幫助與支持下，製衣工人成功提升了薪水，以及病假、假日與產假的給薪標準，也改善了工作條件。可惜的是，某些國家的工會權力卻遭到削弱。有的雇主把工會成員視為潛在的麻煩製造份子，對他們進行威嚇，好讓他們不敢提出投訴，甚至不公地解雇勞工，這些情況都很常見。

你知道嗎？根據估計，全球服裝製造的勞動力有80%都是女性。

131

時尚心理學的觀點

專訪 - - - - - - - - - **卡洛琳・梅爾**

卡洛琳・梅爾教授（Carolyn Mair）是網站「psychology.fashion」的創辦人，也是《時尚心理學》（*The Psychology of Fashion, Routledge, 2018*）的作者。在這個小節中，她將回答一些關於服裝的問題，並告訴我們服裝選擇意味著什麼。

Q：人們購買衣服時，有哪些重要的考量因素？

　　這取決於買衣服的人是誰。現在有越來越多消費者在決定購買之前，會先去關注衣服是如何製作的。環境永續發展與道德問題變得越來越重要，而人們也逐漸開始用消費來表達意見。必須再次強調，並不是說「快時尚」就一定不好，而「慢時尚」都很好。我們需要思考得更加全面：時尚究竟應該平易近人，還是專屬於上流階層？在我看來，每個人都能享受時尚，它應該是大家都能負擔得起的東西。無論如何，一件物品的耐用程度不一定只與價格有關。便宜的衣物只要小心洗滌，也可以保存很久，反之，昂貴的衣服也可能會變形或損壞。而且令人驚訝的是，許多相對高價的時尚產品，其實與快時尚服飾出自同一間工廠。

　　實踐環境永續對地球很重要，因此，你所選擇購買的衣物，上面最好能清楚標示出環境成本的相關資訊。此外，了解各個品牌採取了哪些行動來履行社會責任，也能幫助你在購買時尚產品做出更正確的決定。

> **❝** ……許多相對高價的時尚產品，
> 其實與快時尚服飾出自同一間工廠。**❞**

另一個因素則與線上或店內客服有關。消費者的要求越來越高，競爭也越來越激烈，因此，品牌需要提供更加方便、順暢及精簡的服務，否則消費者就會轉往其他地方購物。消費者也喜歡客製化服務，但有些人對個資被運用的方式持保留態度。品牌可以在網站上詳加說明。

Q：我們為什麼總會買些不需要的東西？

我們不斷被各種時尚形象轟炸，這些形象都在展示著，服裝如何幫助我們打造出嚮往的人生。我們被告知必須購買新衣服來打造人人稱羨的風格，或取得成功，但這不是真的！大多數人根本不需要買新衣服，因為大家都已經有太多衣服了，遠超過自己平時穿的數量。但成天穿得一樣，我們就會感到厭倦，並想要全新的衣服來激勵自己，也就是說，我們熱愛購買新的東西！時尚產業就是建立在這種對新奇的熱愛之上。

133

文藝？

Q：時尚業用了什麼手法，讓我們如此嚮往奢侈品？

長期以來，時尚照片都為我們展示特定的理想，這些理想對大多數人來說是不切實際的，也無法實現。通常，照片中模特兒和現實生活中的模樣根本不一樣。模特兒的形象也嚴重缺乏多樣性，雖然這種情況正在緩慢地改變，但仍有很長的路要走。社群媒體始終是一體兩面的。一方面，它讓時尚變得更平易近人，任何人在Instagram上都可能成為網紅，就算不一定符合典型的理想時尚樣貌，但還是有許多人的知名度非常高。

聰明？

> **我們不斷被各種時尚形象轟炸。**

愛地球？

Bag for Life

這是一件很棒的事，因為這能鼓勵那些非典型身材的人對自己的外表更有自信。另一方面，社群媒體也可能會傷害我們的自尊。我們很自然而然地會拿自己與他人比較，但網路可能會導致情況失控。我們一直用看到的圖片來評斷自己，即使我們明知道這些照片都經過修圖，依然會受影響。我的建議是，在社群媒體上選擇追蹤對象時要更加謹慎，這樣你在查看貼文動態時，才不會心情更糟。

叛逆？

都會風？

我們總用外在形象來定義自己。

波希米亞風？

女性化？

#BE KIND
活潑？

有錢？

常出國？

運動型？

樂於行善？

我們如何透過衣服展現自我？

下次購物時，問問自己以下的問題：

😊 選購衣物時，你在想些什麼？

😊 你會如何抉擇與排序最重要與最不重要的挑選條件？

😊 購物時，你的感覺如何？

😊 你是否感受來自社交媒體的壓力，使你以某種特定方式看待或購買某件商品？

😊 你買了某件衣服，卻從來沒穿過它，可能出於什麼原因？你該如何避免往後消費時遭到誤導？

😊 你衣櫃裡的衣服如何傳達出你想呈現在他人面前的形象？

😊 你是否知道自己任何一件衣服的環境成本？

😊 對於你所購買的品牌，你是否了解他們的永續發展策略？

永續發展專家的觀點

　　以下是三位重要的永續發展專家，對於想踏入時尚產業的新手，以及想為改變產業盡一己之力的人，他們提供了一些建議。

艾米‧特威格‧霍洛依博士（DR. AMY TWIGGER HOLROYD）

諾丁漢特倫特大學（Nottingham Trent University）時尚永續發展副教授。

譚希‧霍斯金斯（TANSY HOSKINS）

記者與社運家，同時也是《縫補：反資本主義時尚之書》（*Stitched Up: The Anti-Capitalist Book of Fashion*）作者。

奧黛莉‧德拉普雷（AUDREY DELAPLAGNE）

在國際時尚電商ASOS負責採購工作，採買符合環境道德的商品。

Q：對於想從事時尚相關工作的人，你會給他們什麼樣的建議？

艾米：一定要意識到時尚產業並不是只能像現在這樣。許多看似正常、甚至是「自然而然」的狀態，此刻必須改變，未來也一定會改變。這個產業需要有能力發想出新作法的人，專注於產品的使用方式，而不只是著眼於消費。你會是這樣的人嗎？

譚希：時尚產業中大部分的工作都在傷害環境，他們一直使用過去的方式經營，並隱瞞產品製造的真相，唯一的例外是修復與回收時尚產品的

科學和技術。除此之外，你也可以成為時尚界的環保與社運推動者，或當個調查報導記者。這都是時尚產業迫切亟需、且振奮人心的工作。

Q：如果很重視環境道德，還應該從事時尚相關工作嗎？

譚希：你可以自己設立一個強而有力的道德準則，並隨時準備好說不，一旦被要求做些不道德的事，就離開這個產業，比如說，發包給不安全的工廠、壓榨工廠來降低費用，或訂購及使用傷害環境的材料。

艾米：我們認知中的時尚產業是品牌、門市、時裝秀等等，但時尚的範疇遠比這些更加龐大，你可以運用設計技巧來支持衣物的再利用與共享，幫助其他人發展出各自的風格和手藝，或你也可以當個栽種永續纖維植物的專家。

奧黛莉：這個產業需要你……總有一天你會想放棄，但請記得，你能帶來改變，你就是這強大產業改革運動的一部份。

Q：如果很想帶來改變，該怎麼做？

譚希：目前改變這個產業最樂觀的辦法，就是政府能制定法律來保護地球和勞工。這是非常值得努力的事，你可以成為一位社運家或記者，去揭露不法行為，並推動民眾支持來達成改變。

奧黛莉：我的一位導師曾說：「這個世界需要有人關心他人、關心政治、提出疑問，並替無法發聲的人站出來。因此，當你有能力的時候，一定要採取行動、大聲說出來，或者作證也好。」

艾米：開啟對話是很有幫助的。而如果擁有知識，再加上社運份子推動改革的動力，那將更加有助益。

CATWALK PRODUCER
時裝秀製作人的觀點

專訪 - 莫西・鮑爾

莫西・鮑爾（Moses Powers）是一位藝術指導與製作人，曾規劃格拉斯頓柏立當代表演藝術節（Glastonbury Festival）香格里拉舞台的演出活動。他擁有近20年的時裝秀製作經驗，也負責國際演員經紀與後臺管理。以下是他的故事……

Q：你是如何踏入這個產業的？

我在倫敦時尚學院（London College of Fashion）學習造型設計和攝影時，遇到了我的老師克萊夫・沃威克（Clive Warwick）。我協助他執行後台管理工作，慢慢參與到時裝秀製作的各個層面。這段經歷後來讓我進入了英國品牌KTZ（Kokon To Zai），擔任多年的服裝秀製作與選角。

Q：聊聊你的工作內容，以及你負責哪一類的時裝秀。

我很幸運，在時尚與製作的各領域都扮演過許多角色，包含造型、選角和佈景設計。我也曾經在小型獨立設計品牌和公關公司工作，曾與薇薇安・魏斯伍德（Vivienne Westwood）、Ashish、保羅・史密斯（Paul Smith）、凡賽斯（Versace）、朱利安・麥唐諾（Julien Macdonald）及Nicopanda等各大品牌合作。我的職務會因工作而異，也取決於客戶的需求，現在則主要負責藝術指導和現場活動製作。

Q：你持續下去的動力是什麼？

我想讓世界變得更美好，也想做我有興趣的計畫、改變這個產業、減少浪費和提高消費良知。我們不該在短暫的活動上浪費大量的材料和能源，意識到這點之後，讓我更有動力去推動我所期待的產業變革。我最自豪的，就是運用回收再利用的材料打造出一整個佈景。

Q：工作中，你最喜歡和最不喜歡的是什麼？

能讓大家齊聚一堂，共同創造獨特又神奇的事物，這是最棒的。我也喜歡將時裝秀當作一個平台，向大眾傳遞強烈政治訊息。這就是為什麼我喜歡和印度品牌Ashish共事，也欽佩薇薇安‧魏斯伍德在她的時裝秀、作品和對抗氣候變遷的環保運動中所做的一切。時尚是一種很棒的藝術形式，但我覺得它需要停止販賣那種不該存在的生活方式。我不喜歡浪費，也不喜歡時尚侷限住美的概念！時尚產業亟須改變這兩點。我覺得只要有意識地努力，這是可以實現的！

Q：對於想踏入時裝秀製作產業的人，你會提供哪些建議？

建議1：一開始先跟著你欣賞的人工作，我自己是從實習開始，可以尋找有薪實習，或者當學徒。

建議2：如果可以的話，嘗試各種不同層面的工作。這樣你就能了解時裝秀的各個元素。

建議3：有了經驗之後，去找一家很棒的代理商，參與你最想做的時裝秀工作。

建議4：要尊重所有人，並且要超級有條理。

提出時尚宣言

　　時尚是傳播資訊的好方法。多年來，設計師一直將服裝當作一種工具，藉此對社會和政治問題提出大膽的宣言。一起來看看這些傳奇行動派時尚設計師的故事，從中獲得啟發，開展你自己的時尚革命。

德姆納‧格瓦薩里亞

　　二○一九年巴黎時裝周上，法國品牌巴黎世家（Balenciaga）的喬治亞裔設計師德姆納‧格瓦薩里亞（Demna Gvaslia）在走秀中加入歐盟形象，並挪用法國鐵路制服元素，藉此支持抗議養老金改革的鐵路局勞工。而二○二○年，同樣在巴黎時裝周上，他讓伸展台被高達25公分的積水淹沒，表達對氣候變遷的不滿。

凱薩琳‧哈姆尼特

　　一九八四年，時裝設計師凱薩琳‧哈姆尼特（Katherine Hamnett）在唐寧街10號會見了英國首相瑪格麗特‧柴契爾（Margaret Thatcher），穿著一件印有反核口號「Choose Life」的T恤。她深知穿上有明顯標語的T恤就會受到媒體報導，並與具有影響力的政治家一起使這問題成為鎂光燈焦點。她至今仍在持續設計印有標語的T恤。

薇薇安‧魏斯伍德

薇薇安‧魏斯伍德用她的時裝秀和服裝來提高人們對環境問題的認識。她是一位激進的氣候變遷社運人士，評論家卻認為，她的國際時尚企業可能無法反映出她的環境永續觀點。但無庸置疑的是，她渴望改變世界的熱誠推動著她的抗爭行動。至於她的座右銘？那就是，買得少，選得好，用得久。

你是否受到感召，也想製作一件自己的標語T恤？試著用雕版印刷來印製舊T恤，可以參考第81頁的說明。

推動革命

有沒有任何議題是你極為在意的？也許你所在之處就有某個問題需要大家的關注。只靠一件標語T恤或許無法改變世界，但你可以將它與請願書和示威遊行相結合，或撰寫有說服力的投書信，將信與T恤一起交給推動改變的有力人士，這便是往正確方向邁出了一步。

WEAR YOUR VALUES

穿出你的價值

你的衣物選擇至關重要，因為只要每個人都做出一點小改變，就會產生很大的不同。我們務必要謹記減少購買，這樣才能真正大幅降低過度消費和浪費。選擇一些正積極改變經營模式的品牌，這固然是個很好的開端，但這些品牌的生產及廢棄總量，整體上來說仍然不符合環保永續。既然你已經讀了這本書，你就擁有所需的資訊能改變你的消費方式。下次你想去買衣服時，就用我們的道德時尚宣言來自我提醒……

道德時尚宣言

多問問題

想知道你最喜歡的品牌是否支付合理的薪資給勞工，或他們如何處理廢棄垃圾，但卻找不到答案嗎？直接向他們提問。

買二手衣

多穿你本來就有的衣服，如果可能的話，盡量選擇購買二手衣，而不是新衣服。嘗試新的穿搭風格也是一種有趣的作法，將你的衣服傳遞給下一個需要的人，這樣才符合環境責任。

獲取新知

隨著產業的發展，新的問題層出不窮，但解決方案也源源不絕，因此要不斷學習，不斷質疑。

選擇品質

選擇做工細又耐穿的衣服，多多運用你現在對布料以及服裝製程的知識，並且小心計畫性淘汰手法。

動手修補

愛惜你的衣服，自己加以修理，
讓它們能陪伴你更長的時間。

分享知識

多與朋友聊聊，或運用社群媒體的力量來喚醒大家的好奇心。和大家一起討論，聆聽其他人的意見和考量。若無法更加深入理解整體情況，沒有人喜歡受到指揮和規範。

適度離線

要知道，你所購買的衣服消耗了許多自然資源。因此，我們應該要放慢腳步，重新與自然環境建立關係，藉此從自然中獲得啟發。試著取消訂閱那些會鼓勵你購物的電子報，還可以三不五時地關閉科技產品。只要追蹤一些有正面影響的資訊就好，而不是讓自己一直去購買不需要的東西。

多加質疑

揪出洗綠行為！質疑時尚品牌的政策、作法和承諾。問問品牌為什麼自稱環保永續，產量卻還能如此之高？給你一個線索，那就是：不可能！要能批判思考，不要被幾句環保標語或幾張大自然照片所迷惑。

多穿幾次

穿上你的衣服，好好愛它們，並且穿得開心！沒有人在乎你同一件衣服穿了多少次，既然你找到了一件適合自己風格的衣服，它當然值得你一次又一次地穿在身上。

並且記得……
別因為便宜而購買
不需要的東西！

如果我們減少購物，生活會是什麼樣子呢？如果我們擁有得更少、付出得更多，我們是否能從中找到快樂？一定可以！

FASHION REVOLUTION

時尚演化

時尚以不斷演化和革新聞名，然而在過去三百年裡，產業本身以及服裝的製造方式卻沒有太大的轉變。如果想要阻止服裝的製造鏈供應剝削勞工和地球，我們應該從過去中學到些什麼？

由於新技術與精簡製程的出現，十八世紀開始了大規模生產服裝，造成我們現今所面臨的許多道德問題。時尚的世界建立在長年的剝削制度之上，工廠作業員難以獲得更高的薪資和更好的工作條件，而這種狀況一直持續至今。

十七世紀

印度棉製衣物產量激增，棉料成為世上最受歡迎的紡織品。

十八世紀

新技術在歐洲工業革命中誕生，新的服裝工廠出現。一七五〇年，英國禁止進口印度、波斯和中國的棉布及絲綢，藉此保護自己國家的產業。

一七六四年，詹姆斯・哈格里夫斯（James Hargreaves）發明珍妮紡紗機（Spinning Jenny），提高了紗線的生產速度。在整個大英帝國中，印度製布料被英國紡織布所取代。一七七五年，價值五百萬英鎊的原棉，從美洲奴隸制度的棉田進口到英國。

十九世紀

十九世紀的歐洲和美國，蒸汽動力的進步與鋼鐵產量的增長，使得服裝及紡織業出現了新的機械和技術。一八〇四年，卡特賴特博士（Edmund Cartwright）發明了動力織布機，家庭代工從此失去競爭力。勞工為了在工廠就業，遷往了工業化城鎮，貧民窟數量因而增加。

一八五〇年左右，商用縫紉機出現。英國和法國的裁縫和織布工人襲擊工廠、毀壞機器，抗議他們們失去生計。

一八三三年英國工廠法案（UK Factory Act）突顯出童工問題，有大量十歲以下的兒童在工廠工作。

一般認為，「血汗工廠」一詞首次出現於一八五〇年代，專門用來描述條件惡劣的工廠，包含低薪資、高工時、虐待勞工，以及危險骯髒的工作環境。

西班牙平價服飾Zara被認為是快時尚先鋒，他們吹噓衣服從設計到販售只需要15天。

二○○九年的海地，服裝工廠業主在美國某機構幫助下，阻止了海地議會以法律規範來提高最低薪資。

二○一二年，孟加拉的塔茲雷恩工廠大火造成至少一百一十七人喪生。據報導，工廠的防火門是鎖上的，窗戶上釘有金屬欄，工人因此被困在裡面。

二○一三年，孟加拉熱那拉大廈倒塌，造成一千一百三十八人死亡，兩千五百人受傷。

據國際勞工組織（International Labour Organization）估計，全球至少有1.7億名童工。這些孩子中，有許多人是在服裝供應鏈中工作，他們應該去上學的時候，卻在為我們製作衣服。

廿世紀

一九○九年，在工會支持下，一萬五千名製衣工人在美國紐約舉行罷工，爭取更好的薪資與工作條件。罷工十分成功，並在全國掀起一波罷工潮。

一九一一年，紐約三角內衣工廠大火造成一百四十六名工人死亡。據報導，工廠大門深鎖，62位女孩跳樓逃生而死亡，還有一些死者在現場牽著手。喪生者中最年輕的兩位是14歲。這場災難導致美國制定出新的工作場所安全與勞動法規。

一九二一年，反英國殖民的印度獨立運動領袖甘地（Mahatma Gandhi）呼籲，抵制英國的棉織品。他鼓勵印度人自行紡織棉布，或購買當地製造的布料。在抵制行動的四年期間，許多英國工廠倒閉，成千上萬的工人因而失業。

一九七〇年，服裝的大規模生產轉移至亞洲其他地區，尤其是台灣、韓國及香港。製衣工人開始主張自己有權提高薪資，因此有些公司也開始將服裝生產轉移至其他鄰近亞洲國家、中美洲和墨西哥，尋找更廉價的勞動力。

一九七四年，《多纖協定》（Multi Fibre Agreement）生效，限制開發中國家的出口服裝，藉此保護這些國家自己的產業。

一九八五年至一九九〇年間，菲律賓、馬來西亞、印度、泰國和印尼的服裝產量增加。

一九九一年，一份報告揭露 Nike 運動鞋是在印尼一間「血汗工廠」製造，該工廠的工作條件極差、勞工薪資很低。

二〇一九年，數千名孟加拉製衣工人抗議低薪，警方卻使用水柱及催淚瓦斯來鎮壓。

二〇一九年，多份報告顯示，隨著亞洲勞動力、原物料和稅收成本上升，大品牌開始將服裝製造轉移至衣索比亞。衣索比亞法律並未限制最低工資。

二〇一九年倫敦時裝周期間，環保運動組織反抗滅絕（Extinction Rebellion）的示威者抗議時尚產業造成氣候變遷。

USEFUL WEBSITES

實用網站

　　時尚產業的變化極快，經常瀏覽以下網站，確保你能掌握永續發展與道德時尚的最新動態：

Do Fashion Better: www.commonobjective.co
Ellen MacArthur Foundation: www.ellenmacarthurfoundation.org
Fashion for Good: fashionforgood.com
British Fashion Council: www.britishfashioncouncil.co.uk
Slow Factory: slowfactory.global
Traid: www.traid.org.uk
UN Fashion Alliance: unfashionalliance.org
Labour Behind the Label: labourbehindthelabel.org
Clean Clothes Campaign: cleanclothes.org
Fashion Revolution: www.fashionrevolution.org
United Students Against Seatshops: usas.org
Fairtrade Foundation: www.fairtrade.org.uk
Centre for Sustainable Fashion: sustainable-fashion.com
Centre for Circular Design: www.circulardesign.org.uk/research

CA Foundation: www.candafoundation.org
Soil Association: www.soilassociation.org
Pesticide Action Network: www.pan-uk.org
Transition Netreork: transitionnetwork.org
Friends of the Earth: friendsoftheearth.uk

PODCASTS

Wardrobe Crisis by Clare Press
Conscious Chatter by Kestral Jenkins
Pre-loved Podcast by Emily Stochl

全球各地修補衣服的地方

Repair Café International: repaircafe.org
Fix Ell: fixing.education
Restart Project: therestartproject.org

販賣二手衣的網站

Depop: www.depop.com
Ebay: www.ebay.com
Etsy: www.etsy.com/uk
Thred up: www.thredup.com
Vestiaire: www.vestiairecollective.com

名詞對照表與索引

ACKNOWLEDGEMENTS

致謝

　　這本書是愛的心血與結晶，受益於許多人的熱情與同理心，大家抱持著對未來的責任感而集結。我們都相信，氣候變遷的危機亟需批判和變通的思惟來因應。

　　非常感謝我的導師蘿絲‧辛克萊（Rose Sinclair）和我的朋友布麗姬‧哈維（Bridget Harvey），多年來，她們為我帶來許多充滿啟發的對話和鼓勵。過去的十年間，我在永續時尚講座、工作坊和維修咖啡館活動上，曾與無數優秀的人交談，他們形塑了我的構想，最後才有了這本書。特別是克萊兒‧史托里（Claire Storey）、佩恩‧史密斯（Penn Smith）、潔米‧格林利（Jaime Greenly）和瑞秋‧考瑟（Rachael Causer），她們和我合作了多場「衣盡其用」（Worn Well）工作坊，分享了許多縫紉技巧，並對於修補衣物有著由衷且堅定不搖的熱誠。

　　我也十分感謝譚希‧霍斯金斯、艾米‧特威格‧霍洛依博士、奧黛莉‧德拉普雷、卡洛琳‧梅爾博士、摩西‧鮑爾、克雷塞‧魏斯林（Kresse Wesling）、愛麗絲‧威爾畢及迪里斯‧威廉斯（Dilys Williams），他們在本書中貢獻了自己的觀點。特別謝謝激勵人心的饒舌藝術家及社運家「震耳低語」（Potent Whisper），他持續不懈地為社會公益努力，我們多年前在「#二手優先」（#secondhandfirst）活動合作時，他便寫下

「用改變衣服來改變世界」這句強而有力的宣言。

感謝艾格蒙出版社（Egmont）的每一個人，尤其是我的編輯麗莎·艾德華茲（Lisa Edwards），我在剛生完小孩的幾個月間完成了這本書，她一直非常有耐心，並給予我支持。也別忘了金·漢金森（Kim Hankinson）令人讚嘆的插圖，讓這本書充滿生命力。

非常謝謝我的家人和好友多年來支持我在時尚、永續發展和教學上的工作。特別是貝芙麗·克里姆基沃（Beverley Klymkiw），她從小就培養了我對時尚和縫紉的熱愛，漢娜·基弗（Hannah Keever）在這本書的製作初期提供我許多寶貴的建議，露德·基弗（Lourdes Keever）則在我還沒求助之前，就有辦法先預見問題，並提供幫助。感謝我親愛的朋友和出色的語言大師伊恩·懷特利（Iain Whiteley），感謝他提供靈感、帶來歡笑，以及對我工作的信任。

大大感謝麥可，他鼓勵我不斷學習，不要害怕提問，要深入探究，要挑戰現狀。謝謝你大力支持，為我泡了無數杯茶、煮了好幾頓美味的佳餚，以及在我們新生的女兒不肯入睡時，你推著那台三手嬰兒車去北倫敦的街上散步，好讓我有時間、空間和力氣來寫這本書。最後，謝謝艾塔，你一直陪著我走過整趟旅程。謝謝你所有的擁抱，讓我心中充滿了愛，並帶給我這麼多的快樂。